Martin Bienerth

ALPSICHT
Hirtengeschichten

FARO

Gewidmet meinen Mitälplerinnen und Mitälplern
von 1982 bis 2001

www.fona.ch

Bild & Text
Martin Bienerth
Alle Bilder sind auch als Postkarten erhältlich unter
www.alpsicht.ch

Gestaltung und Konzept
FonaGrafik, Hiroe Mori

Druck
Kösel, Altusried-Krugzell

ISBN 978-3-03781-072-9

INHALT

VORWORT

Warum es mich immer wieder auf die Alp gezogen hat, in die Berge mit ihren Menschen und Tieren? Nach fast 15 Jahren Alp-Enthaltsamkeit wandern meine Gedanken in die Vergangenheit und suchen Antworten auf 20 Jahre Alpsommer. Mittlerweile habe ich Abstand zu damals, meine Haare sind kürzer und grauer geworden, meine Beine müder und mein Bauch – nun ja, lassen wir das.

Beim Hüten auf der Alp haben immer wieder alte Wege, zerfallene Gebäude oder seltsame Strukturen im Gelände meine Blicke gefesselt, all das, was Menschen gemacht haben vor langer, langer Zeit. Heute nennen wir das Kultur oder auch Kulturgut. Wir Menschen haben den Naturraum besiedelt, verändert, gestaltet, erobert, kultiviert. Der Naturraum wurde zum Kulturraum, begehbar, erlebbar, hörbar und fühlbar. Auf der Alp begegnen sich Naturraum und Kulturraum, Aug in Aug. Über den obersten Weiden, nach den Milchkühen, dem Jungvieh und den Schafen, dort oben weiden nur noch Wildtiere, Gämsen und Steinböcke. Dort oben beginnt die Natur, dort oben, wo der Mensch nicht eingegriffen hat.

Mit meinen Bildern versuchte ich damals wie heute, diesen Räumen näherzukommen. So sind Motive entstanden, Bilder mit ihren eigenen Geschichten, Gedanken und Erinnerungen.

Und dann gibt es da oben auch noch das Wetter. Nicht ein Wetter, wie wir das vom Tal her kennen, es ist das Bergwetter, ganz direkt und plötzlich, Wind, Regen, Nebel, Schnee, Hagel, Blitz und Donner oder die unerträgliche Hitze, die einem gnadenlos das Hirn ausbrennt, weil es da oben einfach keinen Schatten gibt. Es ist das Wetter, dem wir uns aussetzen, dem wir nicht ausweichen, mit dem wir uns vertraut machen wie mit einem guten Freund oder einer schönen Freundin.

Da oben bist du dem Himmel einfach immer ein wenig näher, und da oben, weit oben, zwischen Kulturraum und Naturraum, da wird die Nase wieder frei, da werden die Augen wieder klar, und die Ohren hören wieder das Lied der Stille.

Vielleicht sind das ein paar Bruchstücke von Ahnungen, warum es mich immer wieder in die Berge gezogen hat und noch immer zieht, warum mich das Alpwesen so bewegt hat und immer bewegen wird.

Martin Bienerth, im August 2014

«ICH BIN ELGA UND GEHE DEN SECHZEHNTEN SOMMER AUF DIE ALP.»

Elga war eine besondere Kuh, eine, die man nie mehr vergisst. Sie war unauffällig, unspektakulär, weder sehr gross noch zu klein. Eine normale, kräftige Kuh. Doch sie hatte etwas, und das strahlte nicht nur auf uns aus, sondern auch auf ihre Kolleginnen. Alle anderen Tiere akzeptierten sie. Respektvoll wurde ihr Platz gemacht, wenn sie kam. Nur selten bahnte sie sich ihren Weg mit Gewalt, oft wich sie einfach aus, sie hatte es nicht nötig zu kämpfen. Wenn es aber zu einer Auseinandersetzung mit fremden Kühen oder «jungem Gemüse» kam, ging der Kampf sehr kurz und entschlossen über die Bühne. Elga setzte sich stets durch.

Nach fünf Jahren Hütebekanntschaft suchte sie von der Herdenspitze aus den Kontakt zu mir am Ende der Herde. Sie versuchte herauszufinden, was ich vorhatte, wohin sie gehen sollten, auf welche Weiden ich sie haben wollte. Bei Wegentscheidungspunkten blieb sie stehen, blickte zurück, wollte wissen, wie ich entschieden hatte. Dies erleichterte das Hüten enorm. Elga war Herkuh und Leitkuh in einem Wesen. Als Herkuh war sie die Stärkste von allen, als Leitkuh führte sie die Herde zu den Weiden.

Gegen Ende Sommer wurden einmal 25 von 70 Kühen trockengestellt und auf eine Galtweide gebracht. Elga war bei den Milchkühen, die zuerst den Stall verliessen und auf die Weide nach Grava getrieben wurden. Erst nach einer Stunde merkte sie, dass nicht alle Tiere dabei waren. Brüllend und mit fliegendem Euter rannte sie nach Rischuna zurück, durchbrach zwei Zäune und fand die Herde der trockenstehenden Kühe. Zu dritt versuchten wir, die kleine Herde Galtkühe im Zaun zu halten. Dies kostete uns Zeit, Atem und Nerven, doch nach zwei Stunden hatten wir es geschafft, die Situation hatte sich beruhigt. Elga blieb jedoch bei den trockenen Kühen, wir mussten sie zum Melken separat in den Stall führen. Am nächsten Tag das gleiche Spiel. Erst am dritten Tag blieb Elga bei den Milchkühen.

HERDENMUTTER

Sie ist alt
Und sie ist die Chefin
Rüstig und gesund
Liegt sie in der Sonne
Und käut wieder

Jeden Sommer ist sie auf der Alp
Schon seit Jahren
Und im Winter beschleckt sie immer ein neues Kalb

Jetzt darf sie nicht mehr hoch
Sagen sie
Sie nimmt nicht mehr auf
Und die Milch geht auch zurück
Oben gibt es nun keine Herdenmutter mehr

ZWEI TIERE

Zwei Tiere, ganz verschiedener Art

Ein Wiederkäuer
Pansentier, Verdauungstier, die Ruhe im Wesen tragend
500 Kilo schwer

Ein Allesfresser
Darmtier, Sinnestier, eher hektisch im Wesen
50 Kilo schwer

Beide zeigen Interesse an sich
Brauchen sich
Ergänzen sich

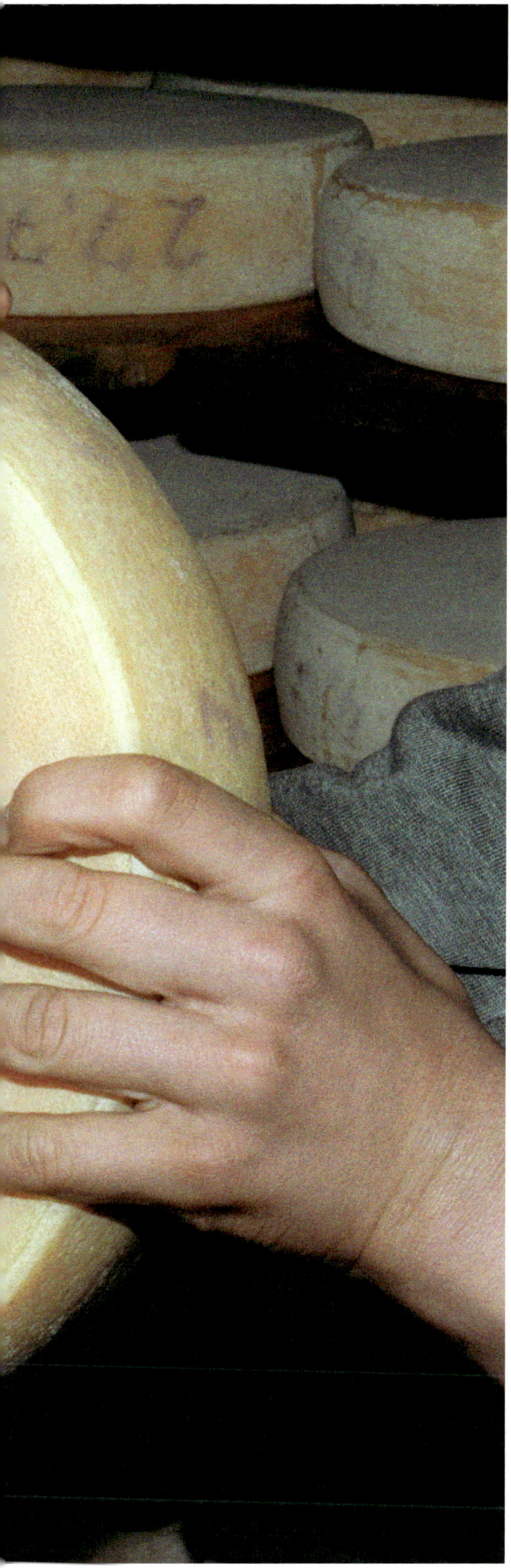

ALPKÄSE

Alpkäse ist Handwerkskunst, Laib für Laib

Im Alpkäse wird die Arbeit einer
Gemeinschaft greifbar

Viele Hände sind beteiligt

Viel Energie wird gebündelt

Das Ergebnis

Braucht Zeit

Zeit der Reife

Laib für Laib

RUHEN

Kühe sind friedlich, neugierig, zärtlich und gelassen

Es ist Juni
Beginn der Alpzeit
Zeit für Frieden, Neugier, Zärtlichkeit und Gelassenheit

Einzig und allein den Rhythmen der Tiere verpflichtet
Einzig und allein den Rhythmen des Wetters
Von Tages- und Nachtzeiten verpflichtet

Es ist September
Ende der Alpzeit
Zeit für Frieden, Neugier, Zärtlichkeit und Gelassenheit

038

HOHE QUALITÄT DURCH KURZE WEGE

Sie kommen zurück von den Alpweiden, gehen an ihre Plätze im Stall und werden von uns gemolken. Die Milch wird direkt auf der Alp zu Butter, Ziger und Käse verarbeitet. Das ist hohe Qualität durch kurze Wege.

Die Stunden, Tage, Wochen, die Monate, sie vergehen, jahraus, jahrein. Hier geht das Leben seinen Lauf, wie in der Natur. Nach jedem Morgen kommt ein Abend, nach jeder Nacht ein neuer Morgen. Jeden Tag geht die Sonne auf, auch wenn sie manchmal von Wolken verdeckt ist, und täglich kommt die Milch. Sie möchte verarbeitet werden, sonst «stirbt» sie.

Wir funktionieren in einem Räderwerk von Natur und Kultur, von Alltag, Milch und Käse, immer auf der Suche nach Ausgleich und Zufriedenheit im Spannungsfeld von Glück und Unglück, von Klarheit und Ungewissheit. Wo liegt die Qualität einer Stunde, eines Tages, einer Woche? Welchen Wert hat ein Monat oder ein Jahr? Jeden Tag geht die Sonne auf, ein neuer Morgen, eine neue Möglichkeit, die Welt zu verändern, eine Stunde lang, eine Minute lang oder auch nur in der Sekunde eines Gedankens.

Wir funktionieren im Alltag von Milch und Käse und halten die hohe Qualität durch kurze Wege, so gut es einfach geht.

SICH AUSEINANDER-SETZEN

Frag nicht:
«Was trennt uns?»

Sondern frag:
«Was verbindet uns?»

Es gibt mehr Gemeinsames als Trennendes

UNTERWEGS

Mein Freund
Du bist unterwegs
Viel unterwegs

Doch heute gehen wir auf die Alp
Beladen mit Rucksack und Schlafsack
Ein neuer Alpsommer liegt vor uns
Du bei den Rindern
Ich bei den Kühen

Was wird er bringen
Der Alpsommer
Mein Freund

HEUTE IST EIN GUTER TAG

Wenn im April die ersten Tiere auf die Weide gehen
Wenn Schafe die feinsten aller feinen Gräser abzupfen
Wenn Kälber sich in Bocksprüngen vergessen
Wenn Milchkühe ihre prallen Euter in der Sonne wärmen
Wenn Ziegen an den ersten Blüten naschen

Dann zieht es von ganz unten in den Beinen
Langsam nach oben
Ein Ziehen wie jeden Frühling
Ein Vorbote des Sommers
Und eine Freude tief drinnen

Jetzt heisst es Geduld haben
Warten, das Ziehen aushalten
Bis man selbst zieht
Hinauf auf die Alp

WOLLIG-WOHLIG

Kälte bricht hervor
Überall

Kälte erfasst mich
Von Kopf bis Fuss

Ich beginne
Zu zittern

Und dann
Die Sehnsucht

Nach wollig-
Wohliger Wärme

Kälte bricht hervor
Überall
Egal …

WIR HABEN EIN RECHT AUF UNSERE HÖRNER

Blind, taub, stumm oder hornlos
Lässt es sich schon leben

Gehört aber zu einer hohen Lebensqualität
Nicht auch das Funktionieren
Aller Organe?

BERÜHRUNG

Wie willst du mich berühren
Wenn du mich nicht berührst?

Wie willst du mich begreifen
Wenn du nicht nach mir greifst?

Greife nach mir, berühre mich
Mein grosser Wunsch
Mein Sehnsuchtswunsch

HIRTEN IM SCHNEE

Seit Tagen regnet es schon ununterbrochen. Wir wissen kaum noch, wohin mit den Tieren. Silbrige senkrechte Streifen überall an den Hängen verkünden, dass jedes Rinnsal zu einem Bach wurde, unser Talbach zu einem reissenden Fluss. Und doch ziehen die Kühe hindurch, sie müssen durch, wenn sie auf ihre gewohnte Nachtweide wollen, sie gehen immer dort durch. Erst zögerlich, dann aber doch mit herzhaftem Mut. Bis zum Bauch wackeln sie durch die Fluten. Sie sind schwer, eine halbe Tonne, sie werden nicht so schnell mitgerissen wie unsereiner. Eine optimale Milchkühlung, die Euter werden auch mit Wasser umspült. Die Hänge sind so nass und glitschig, dort dürfen sie nicht fressen. Hoffentlich hört es bald auf.

Abends gehen wir unruhig ins Bett. Der Wetterbericht hat zwar Besserung versprochen, aber auch Kälte. Meine Ohren hängen am Blechdach, es prasselt und prasselt, ich denke an die Tiere und an morgen, wohin zum Weiden? Irgendwann fallen meine Augen zu, nur kurz, dachte ich wenigstens. Drei Stunden muss ich weg gewesen sein, ich höre monoton den Bach poltern, aber keine Tropfen mehr auf dem Dach. Eine unheimliche Stille stattdessen, eine trügerische. Ich weiss, wenn es stark regnet und plötzlich still wird, hat sich der Regen in Schnee verwandelt, und der deckt die ganze Landschaft mit einer weissen Decke zu.

Ich stehe auf, und mein Taschenlampenstrahl fängt Hunderte Schneeflocken ein, die ruhig, wie in Zeitlupe, vom Himmel fallen. Eine weihnachtliche Stimmung, die dazu auffordert, kurz innezuhalten und zu staunen.

Ich warte noch mehr als eine Stunde, bis die Schneedecke fast 20 Zentimeter hoch ist, dann beschliesse ich, die anderen zu wecken. Es ist 2 Uhr nachts. Von den Tieren ist kein Ton zu hören. Wir beratschlagen und beschliessen, sie zu holen. Wach und aufgestanden sind wir sowieso, und irgendwann würden die Kühe auch von allein kommen und um Einlass in den Stall brüllen. Bergschuhe, Regenzeug, Stirnlampe und Stock, zwei gehen los, die anderen warten, um die Ersten gleich anbinden zu können.

In kleinen Trüppchen finden wir sie, still wiederkäuend, im Stehen, mit weissem Rücken. Wir rufen, bringen sie in Bewegung, gehen weiter, suchen nach Spuren und finden die meisten unter Bäumen, wie festgewachsen. Mit steifen Beinen staksen sie widerwillig durch das Flockenmeer, geisterhaft geht es in Richtung Stall.

Kein Tier fehlt, alle sind angebunden, wir füttern ein wenig Heu und verschwinden wieder in unsere noch warmen Nester. Am anderen Morgen können wir diesmal ausschlafen.

UNBESCHWERT

Wir Kälber sind unternehmungslustig
Neugierig
Voller Tatendrang
Wir wollen nicht eingesperrt sein
Und auch nicht auf Spaltenböden stehen

Wir Kälber wünschen uns
Bewegungsfreiheit
Sonnenstrahlen
Regen
Wind und
Schnee

Wenn wir gross sind
Kommt uns das alles zugute

EUTRA

MELKEN

Melken ist verantwortungsvolle
handwerkliche Kunst
Beim Melken begegnen wir der weissen Quelle
des Lebens

Der Abend gestern war lang. Besuch war da, Lagerfeuer, grillen und reden, und es wurde immer später.

Heut Morgen bin ich schwer aufgestanden, nach dem Küheholen war ich wieder fit. Doch beim Melken wurden meine Augen wieder müde.

Ich hab mich an die Kühe gelehnt und hab versucht, das Gleichgewicht auf dem Melkstuhl zu halten. Der Stall war so lau, die Kühe mollig warm, und meine Augen wurden immer kleiner.

Und dann der plötzliche Schmerz und die Schwärze vor meinen Augen. Ich war plötzlich hellwach. Es brannte. Mit einer gezielten Bewegung hatte die erste Kuh im zweiten Stall ihren Schwanz um meine Augen gewickelt. Sie war vorher gelegen, ich hab's gesehen. Sie hatte geschifft, dann geschissen und dann hatte sie sich hingelegt, um auf mich zu warten, ich war ja noch im ersten Stall. Sie hatte ihren Schwanz rhythmisch im Dreck auf und ab geklatscht.

Ich hab's gesehen, hab's gewusst, ich wollte den verklebten Schwanz doch nicht anbinden, denn der war nass und schwer. Es würde schon gehen, wie so oft, dachte ich mir.

Ja, es ging, es musste so kommen, brennende Scheisse in den Augen, mühsam gebremste Wut in mir auf alles, was vier Füsse hat und Milch gibt. Ich hab «Scheisse» gebrüllt. Nach einem ersten Wutausbruch hab ich mich wieder beruhigt, mir die Augen ausgewaschen und weitergemolken, hellwach und zweimal geschlagen, einmal von der Kuh und das zweite Mal von mir selbst, weil ich die Konsequenzen des Nichtanschwanzelns nicht tragen konnte.

(Tagebuch, Alp Rischuna, 1991)

ARTGERECHT HEISST WIEDERKÄUER-GERECHT

Hüten

Ist eine Mischung

Aus

Dem Willen der Tiere

Dem Willen der Tierbesitzer

Dem Willen des Hirten

Und

Den Launen des Wetters

BIZERBA

WER NICHT MIT DEM HERZEN DABEI IST, HAT KEINEN BERUF, SONDERN EINE BESCHÄFTIGUNG.

Die meisten Menschen
Arbeiten nicht
Sie gehen Geld verdienen

Wer mit dem Herzen dabei ist
Hat nicht nur eine Beschäftigung
Sondern einen Beruf

VERTRAUEN

Sich führen lassen
Lebensführung
Wohin mag es dich führen?

Zu wissen, wer einen führt
Unwichtig
Zu wissen, dass man geführt wird
Vertrauen

Nicht alles selbst in der Hand haben
Das Leben führen lassen

Sich führen lassen
Vertrauen

SAUWETTER

Ob der Ebene, halb zwölf. Heute Nacht hat es geregnet und gewittert, angefeuchteter Boden. Der Hang ob der Ebene war meine Hüteidee, weil ich dachte, es reisst auf und das Gras wird trocken. Es kam nicht so, die Wolken blieben, das Gras war noch immer nass, und es begann zu nieseln. Die Kühe fingen zu rutschen an. Ich musste mein Frühstück abbrechen, wie so oft. Keine Kuh durfte mehr höher steigen, runtertreiben war auch zu gefährlich. Sie mussten am Hang entlanglaufen, bis sie in Rutschsicherheit waren. Ich liess sie langsam zum Tobel ziehen, nur begleitend, einige Kühe rutschten trotzdem. Eine legte sich am Lawinenzug vor dem Tobel von Grava unterhalb vom Schlangenweg auf den Bauch. Als hätte ihr jemand die Füsse weggerissen. Doch sie hat sich wieder gefangen.

Das Beobachten und Aufpassen war anstrengend. Es brauchte so viel Konzentration, ich spürte keinen Luftzug, obwohl ein kalter Wind ging. Ich merkte sie nicht, die Kälte, ich hatte eine innere Wärme, war in grosser Spannung. Es fing stärker an zu winden und zu regnen. Ich brach das Hüten ab und trieb die Tiere in Sicherheit.

(Tagebuch, Alp Rischuna, 1991)

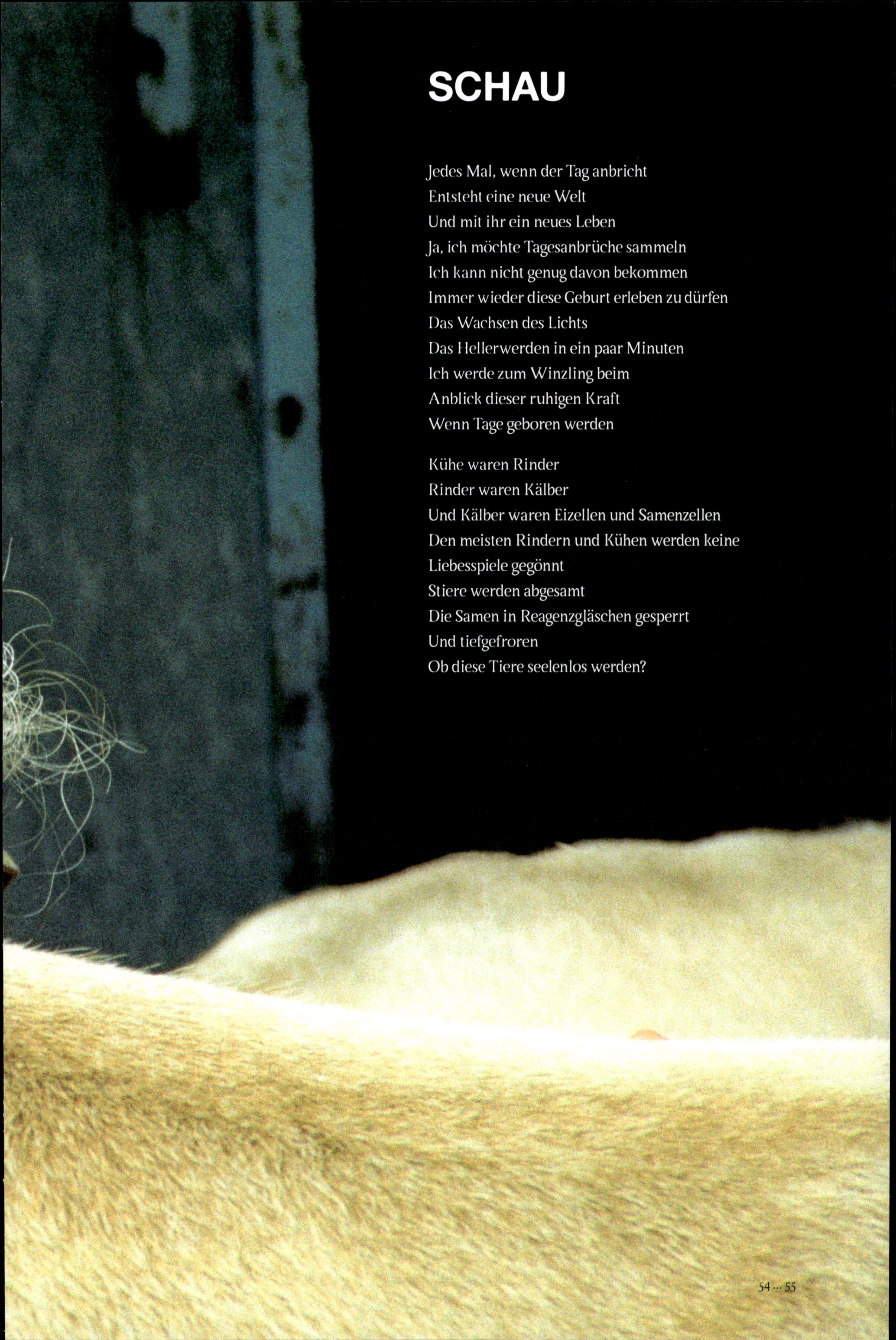

SCHAU

Jedes Mal, wenn der Tag anbricht
Entsteht eine neue Welt
Und mit ihr ein neues Leben
Ja, ich möchte Tagesanbrüche sammeln
Ich kann nicht genug davon bekommen
Immer wieder diese Geburt erleben zu dürfen
Das Wachsen des Lichts
Das Hellerwerden in ein paar Minuten
Ich werde zum Winzling beim
Anblick dieser ruhigen Kraft
Wenn Tage geboren werden

Kühe waren Rinder
Rinder waren Kälber
Und Kälber waren Eizellen und Samenzellen
Den meisten Rindern und Kühen werden keine
Liebesspiele gegönnt
Stiere werden abgesamt
Die Samen in Reagenzgläschen gesperrt
Und tiefgefroren
Ob diese Tiere seelenlos werden?

DER GANG DURCHS DORF

Aus jenen Zeiten, als der ganze Handelsverkehr über die Alpen von den Säumern getätigt wurde, gibt es eine bewegende Geschichte.

Wie damals üblich, wurden im Herbst nach der Alp grosse Viehherden von Graubünden über den Splügenpass nach Chiavenna getrieben, um sie dort auf den Viehmärkten zu verkaufen. Auch Hitsch Mani aus Andeer machte sich eines Morgens auf, um auf dem nahen italienischen Markt für seine drei Kühe, zwei Rinder und zwei Kälber einen Käufer zu finden.

Nach einer dreitägigen Reise und einem guten Marktverlauf machte er sich mit gefülltem Geldsäckel auf den Heimweg. Auf dem Splügenpass wurde er jedoch von einem jähen Wintereinbruch überrascht, so dass er nicht mehr weitergehen konnte und unter einem überhängenden Felsen Schutz suchen musste. Sein Beutel mit Wegzehrung war leer und seine Joppe schützte ihn mehr schlecht als recht vor dem eisig peitschenden Sturmwind.

Hitsch Mani wäre sicher verhungert und erfroren, wenn nicht auch der Senn der Alp Tambo sich im dichten Schneetreiben verirrt und sich zu ihm gesellt hätte, ebenfalls um Schutz unter dem Felsen suchend. Der Schneesturm dauerte viele Tage, die beiden konnten aber dank des Alpkäses, den der Senn unter seinem weiten Filzmantel ins Tal tragen wollte, überleben und wurden Freunde für ein Leben lang.

EINSAM

Alp Prada
Nachmittags
Holzen ist angesagt

Irgendwo bimmeln die Kühe im Nebel
Der Kassettenrekorder steht auf dem Hackstock
Konstantin Wecker begleitet meine Schläge

Der Hirt ist verschwunden, irgendwo im Nebel
Die Zusennerin schläft
Und der Senn ist im Tal, Kulturen holen und einkaufen

Ich drehe laut auf, es geht mir gut
Ringsum Nebel, einsam
Und mittendrin nur ich und mein Holz

Ein Wanderer
Wenn denn hier irgendwo im Nebel einer läuft
Würde angelockt, vielleicht

Und er würde hören: «Genug ist nicht genug …»

ICH ODER DU?

Puste, Puste, schnell den Stift und ein paar Notizen. Sitze vor der Weide ins Laub und warte auf die Tiere. Ich bin vorausgerannt, um hier die Stellung vor dem Engpass einzunehmen, denn hier dürfen die Kühe nur einzeln hintereinander durch, und das muss man kontrollieren. Denn wenn eine dumm tut und sich umdreht, gibt es einen Stau und das kann gefährlich werden, weil es hier recht steil ist.

Vor vielen Jahren ist hier angeblich einmal eine Kuh abgestürzt. Sie sei aber auf einem Vorsprung ungefähr 10 Meter tiefer hängen geblieben. Sie habe es geschafft, auf die Füsse zu kommen, und habe ganz still dagestanden. Stunden später seien dann ein paar Bauern gekommen. Einer habe sich abgeseilt, der Kuh eine Flasche Rotwein eingeschüttet und sie angebunden. Die anderen konnten sie dann mit viel Mühe hochziehen. Ja, Bauerngeschichten, ob sie wahr sind oder nicht, ist mir egal. Aber hier soll es gewesen sein, und der Ort ist ganz geeignet für diese Geschichte. Deshalb sitze ich jetzt da und sehe auch schon die ersten Kühe auf mich zukommen. Die vorne bei der Hütte haben die Anweisung, die Kühe immer nur in einem Stall loszubinden und die Tiere auch stallweise loszuschicken, vor allem die ersten, denn die anderen laufen dann schon hinterher, Sogwirkung! Jetzt sind sie da, ich leg den Stift weg.

Alle sind durch. Zweimal bin ich aufgesprungen und hab denen im Engpass Dampf gemacht, jetzt ist's gut. Heute sind sie zum vierten Mal hier im Laub. Nur einmal war es hier brenzlig, am Anfang, als ich das zweite Mal hier durch bin mit den Kühen. Da hat sich eine umgedreht und gegen eine andere gehornt, die dann seitlich abgerutscht ist. Mit lautem Gebrüll und meinem Stock hab ich beide durchgejagt. In einer solchen Situation gibt es nur eins: Drauf und los und durch mit aller Gewalt, die man hat, denn ein kurzes Zögern reicht aus, und eine ist unten. Man muss denen ganz schnell zeigen, wer das Leittier ist.

(Tagebuch, Alp Rischuna, 1991)

VERLOREN

Wenn ich mich verloren habe
Dann sind meine Begleiter
Angst
Einsamkeit
Trostlosigkeit
Trauer
Hoffnungslosigkeit

Sie dürfen mich begleiten
Auf meinem Weg
Auf der Suche nach mir selbst
Auch sie gehören zum Leben
Und sind nicht die schlechtesten Begleiter

SCHATTENSPIELE

Licht und Schatten
Schatten und Licht

Sie bedingen einander
Geheimnisvoll und doch so klar

VERSAMMLUNG

Am Hang ob der Ebene, halb elf, trinke Kaffee, muss mich erst mal beruhigen. Ich kann mich nicht erinnern, dass ich einmal so ausrasten könnte. Heut Morgen ging alles so gut. Die Kühe waren herrlich in den Hang gezogen, richtige Höhe, schön verteilt, die erlaubten oben, der Haufen in der Mitte, die doofen unten. Plötzlich kam der Geissbock von schräg oben auf die Herde zugeschossen, weiss der Teufel, wo der herkam, und keine Geissen weit und breit. Ich nahm den Rucksack und lief ihm entgegen. Er fing an, die Kühe anzumachen, so wie ich das nur von Hunden kenne. Mit seinen Vorderbeinen umschlang er Kuhbeine, mal von hinten, mal von vorn.

Manche Kühe sind sehr nervös. Unruhe ist gerade hier fehl am Platz. Einige sind ängstlich, machen schnelle Bewegungen, kehren dem Bock die Hörner zu. Es ist gefährlich, es ist steil hier. Kaum Kuhwege, hohes, trockenes Gras, feuchter Untergrund, griffiger Boden, zum Glück. Aber der Scheissbock! Ich versuche, ihn zu vertreiben, aber der ist so schnell, kümmert sich gar nicht um mich, geht ständig anderen Kühen nach. Und die Kühe haben nichts Besseres zu tun, als immer höher zu steigen. Ich werfe Steine nach ihm, bis ich ihn am Rand der Herde habe. Sein linkes Bein blutet, wahrscheinlich habe ich ihn getroffen, es kümmert ihn nicht. Ich weiss nicht, was ich machen soll, vereinzelte, ängstliche Kühe weichen ihm immer wieder aus, nach oben, wo es immer steiler wird. Und jetzt auch noch der Nebel. Er kommt ganz schnell, ganz dick. Ich sehe kaum noch was. Jetzt müssen die Kühe selbst mit dem Bock klarkommen. Ich hab Angst, das typische Gefühl, wenn ich schon vorher weiss, dass was passiert. Schon hör ich sie, trohlende Kühe über mir, vor mir, unter mir, sehe Kuhhörner und Schädel in den kleinen, verschwommenen Lärchen am Hang. Scheissbock. Die Kühe vor mir ziehen langsam nach unten, ich lass sie ziehen, begleite sie ein wenig mit meinem Rufen. 30 Meter Sichtweite. Der Bock bimmelt irgendwo mitten in der Herde mit seinem kleinen, hellen Glöckchen. Er zieht mit nach unten, zusammen mit dem grossen Haufen. Grössere Steine fliegen, ich weiss, da sind noch einzelne Kühe über mir, saugefährlich. Der Haufen ist in Sicherheit, ich kehre um, steige wieder nach oben, wo es überall bimmelt. Hoffentlich sind nicht zu viel zu hoch. Ich hab ein sehr beklemmendes Gefühl. Überall nichts, nichts als nichts, nur graue, dicke Suppe und das Bimmeln um mich herum. Jetzt ist alles Glücksache. Wenn nur nichts passiert. Und da passiert's. Erst hör ich sie, es poltert, und ich glaub es nicht. Eine trohlt. Hab die letzte Stunde schon so viele Kühe trohlen gehört und «gesehen», Einbildung, Angst, und doch nichts richtig gehört und nichts gesehen. Nichts war passiert. Aber jetzt hör ich's deutlicher als sonst, mein Herz steht still, mein Atem hört auf, da kommt sie, im Lawinenzug, von oben vor mir aus dem Nichts, quer rutscht sie, überschlägt sich, einmal, zweimal, rutscht weiter auf der Seite liegend, verschwindet wieder im Nichts. Scheisse! Grosse Scheisse! Mein Herz rast, es rast am Hals, hämmert im Kopf, ich steig weiter, dem Gebimmel nach, über mir. Es war eine Hornlose, schiesst mir in den Sinn, es muss Carda gewesen sein. Da taucht über mir ein Schatten auf, eine Kuh, sie steht still, nichts bimmelt, als wüsste sie, dass eine ab ist. Ich rede ruhig mit ihr, steig langsam hinter ihr vorbei, weiter nach oben, wo ich glaube, noch was zu hören. Und ich hör noch eine, sehe sie auch gleich darauf und nehme sie und die andere Schritt für Schritt mit nach unten. Ob Carda den Kuhhimmel bereits gespürt hat? Ich habe grosse Angst wegen der anderen, es sind noch zu viele im Steilhang, und überall dicke Suppe, nichts als graues Nichts. Ich hoffe auf ein Nebelloch, um zu sehen, wer noch wo steht oder frisst oder, oder ... Sie bleibt dick und grau, die Suppe um mich herum. Tier für Tier bringe ich in Sicherheit nach unten. Ich hoffe, dass die anderen mitmachen, nicht höher steigen, keine zu schnellen Bewegungen machen, richtig kehren, sich auch nach unten tasten.

Fünfmal bin ich nach oben gestiegen und habe noch acht Kühe heruntergebracht. Die waren wie angewurzelt dagestanden, haben nicht gefressen, nicht wiedergekäut. Vielleicht haben sie auf mich gewartet. Einige sind auch ohne mich hinuntergestiegen, ich hab sie nicht gesehen, nur gehört.

Um halb eins konnte ich aufatmen. Alle Tiere waren hinter Grava, viele lagen schon, andere schleckten sich oder Freundinnen, eine trügerische Idylle. Der Nebel schien am Hang festgeklebt zu sein, wie ein riesiger Wattebausch. Und hier unten friedliches Geläute der Herde. Jedes Tier habe ich mir genau angesehen und nur bei Carda Schürfwunden am ganzen Körper entdeckt, keine Strichverletzungen, und zum Glück im Unglück war sie hornlos, sonst hätte sie jetzt gebrochene Hörner.

(Tagebuch, Alp Rischuna, 1991)

WILMA UND SABINA

Merk-würdig
Die eine hat eine Zipfelkappe auf
Wie und warum nur?
Merk-würdig
Sie hängt an ihrem rechten Horn
Ist backsteinrot
Und bringt Farbe in den grauen Tag
Merk-würdig
Ihre stillen Augen
Geruhsam und stumm
Sie blicken mich an
Und ihre Ohren, breit und offen
Um jedes kleinste Geräusch aufzunehmen
Sie spielen
Merk-würdig
Das Maul ist geschlossen
Bewegungslos, starr
Und feinste Wassertröpfchen liegen auf ihrer Stirn
Merk-würdig

Ja, würdig stehen sie da
Wilma und Sabina
Unvergessliche Wesen
Ein Leben lang
Ich liebe sie
Warum nur?

70 ... 73

HIER BIN ICH

Und wenn ich offen genug bin
Und dem Schicksal eine Chance lasse
Dann darf der Zufall mitwirken

Und dann bin ich da
Und kann sagen
Zufälle gibt es
Ich bin offen
Es fällt mir zu

HÜTEN HEISST VERANTWORTUNG TRAGEN

Gedanken zum Hirten

Der Begriff «Hirt» lässt sich heute etymologisch folgendermassen erklären:

indogermanisch: kerdh(o)
germanisch: herdo
gotisch: hairdeis
altnordisch: hirdir
angelsächsisch: hierde, hirde, heorde
altsächsisch: hirdis
althochdeutsch: hirti
mittelniederdeutsch: hirt(e), herte

(Louis Carlen: Das Recht der Hirten, 1970)

Der enge Zusammenhang mit dem Begriff «Herde» wird hier sehr deutlich. Nach Jakob Grimm (1785–1863), dem Begründer der germanischen Sprach- und Altertumswissenschaften, waren die Hirten als die «bestellten hüter einer herde haustiere» definiert. Und im schweizerdeutschen Wörterbuch heisst Hirt sein «das Vieh zur Weide treiben und hüten».

Die Bewohner auf den Höfen von St. Martin benützen heute den Begriff «hirten» auch für das Versorgen des Viehs in den Ställen. Zu diesen Stallarbeiten gehören misten, füttern, melken, tränken und striegeln.

Man erkennt bald, wie weiträumig und auch vielbedeutend die Begriffe «Hirt» oder «hirten» in Erscheinung treten können, wenn man sich etwas mehr damit beschäftigt.

Im deutschen Sprachgebrauch wird der Begriff «Hirt» ja auch im kirchlichen und weltlichen Bereich eingesetzt. Christus wird ebenso als Hirte bezeichnet wie Geistliche, Pfarrer und Bischöfe (siehe die Hirtenbriefe) oder auch, wie eine Schweizer Quelle aus dem Jahr 1533 zeigt, Träger politischer Ämter: «So nun unser land aus abgang des landammanns ohne hirten war» (Schweizerisches Idiotikon, Band II, S. 1647).

Das Bild des Hirten verwandelte sich. Später waren es nicht mehr nur die Einheimischen, welche die Arbeit auf den Alpen versahen. «Vielfach sind es Grundbesitzlose, die sich den Sommer über als Hirten und die übrige Zeit des Jahres als Taglöhner und Knechte durchbringen, manchmal auch geistig absonderliche oder beschränkte Leute, die sich in einer dumpfen Naturverbundenheit besser mit den Tieren als mit den Menschen verstehen, oder dann Einzelgänger, welchen die Alp willkommene Einsamkeit und Ungebundenheit bietet, gelegentlich auch allerlei Schwärmer, welche in der Bergöde ungestört ihren Geschichten nachhängen können.» (Richard Weiss: Das Alpwesen Graubündens, 1941, S. 272)

Ausländer, Unterländer und Städter verbringen heute in grosser Zahl einen oder mehrere Sommer auf den Alpen in Graubünden. Sie sind die Nomaden der Moderne. Und mit ihnen kam auch ihre Kultur mit auf die Alp. Sie sind Aussteiger, Einsteiger, Aufsteiger, wenn auch nur für drei Monate. Die wichtigste Veränderung war und ist meines Erachtens jedoch die Tatsache, dass diese «neuen Älpler» heute Fragen stellen, die bisher nicht in dem Masse gestellt worden sind. «Warum ist das so, wieso geht das nicht auch anders?» Alte Gewohnheiten und auch Werte wurden hinterfragt.

Aus diesem Grund hat sich auf den Bündner Alpen auch einiges geändert. Es blieb einfach nicht mehr alles so, wie es einmal war. Mir fallen in diesem Zusammenhang einige Zeilen von Richard Weiss (S. 328 ff.) ein, in denen er die Situation der Hirten vor 50 Jahren treffend beschrieb: «Die Wohnverhältnisse der Älpler tragen den Stempel urtümlicher Einfachheit. Man widmet ihnen wenig Sorgfalt; denn man rechnet damit, dass die Älpler bedürfnislos und abgehärtet genug seien, um diese Lebensweise zu ertragen, umso mehr, als sie sich auf ein Viertel des Jahres beschränkt.»

Heute gehört es zum Standard einer modernen, grossen Kuhalp, dass die Älplerinnen und Älpler eigene Betten haben und sanitäre Anlagen wie WC, fliessend Kalt- und Warmwasser, eine Dusche und eine Waschmaschine eingerichtet sind. Zufahrtswege und Strom sind überwiegend Selbstverständlichkeiten geworden, Handys zur pausenlosen Erreichbarkeit sind alltäglich, und mancher Senn geht mit seinem Laptop in die Abgeschiedenheit. Apropos Einsamkeit: Dieser Wert geht gerade durch diese neuen Medien auch in den Bergen verloren, man kann ja hinter jedem Busch und jedem Stein angeklingelt werden.

Gedanken zum Hüten

Im Begriff «Hüten» liegt auch das Wort «Hut». Ein Hut beschützt alles, was darunter liegt. Ein Hirt ist also verantwortlich, das zu schützen, was unter ihm liegt, und das ist seine Herde. Der beste Schutz für einen Haufen Tiere setzt sich aus verschiedenen Elementen zusammen.

Am Anfang der Alpzeit sind die Tiere, die auf einer Alp zusammenkommen, noch keine Herde. Sie kommen aus den verschiedensten Ställen, und in jedem Stall gibt es ein eigenes Leittier. Ein Hirt muss also dafür sorgen, dass er als Erstes aus einem Tierhaufen eine Herde aufbaut. Er selbst muss zum Leittier werden. Eine kräftige Stimme aus dem Bauch, Konsequenz (z. B. immer der gleiche Platz im Stall beim Melken) und Rhythmus (z. B. immer zur gleichen Zeit nach Hause treiben) unterstützen ihn dabei, dieses Ziel möglichst bald zu erreichen.

Ein Hirt muss aber auch Entscheidungen treffen lernen. Entscheidung zur Weideeinteilung: Die Weideeinteilung für das ganze Jahr ist Voraussetzung, damit das Vieh bis zum Ende des Sommers genügend Futter findet. Nehmen die erreichbaren Futterplätze wegen falscher Weideeinteilung gegen Herbst ab, versuchen die Tiere, in gefährlichere Gebiete zu gelangen, um ihren Hunger zu stillen, und das kann tödlich sein.

Entscheidungen jeden Tag: Die tägliche Weideentscheidung ist ebenfalls von Bedeutung. In Abhängigkeit vom Gesamtweideplan, von Wetter und Witterung (z. B. nasser Hang) muss der Hirt immer wieder neu bestimmen, wo er mit den Tieren hinwill. Er kann das Vieh nicht einfach laufen lassen.

Stündliche Entscheidungen: Wenn die Tiere zu bestimmten Zeiten wieder im Stall sein sollen, muss der Hirt Zeiträume kalkulieren können und strategisch denken lernen. Bei plötzlichem Wetterwechsel muss er in der Lage sein, vorausblickend die Herde in sicheres Gebiet zu bringen.

Entscheidungen im Moment: Manchmal muss ein Hirt auch sehr spontan entscheiden, wenn er bemerkt, dass zum Beispiel ein Tier sich versteigt. Dann gehört Fingerspitzengefühl dazu, die richtige Entscheidung zu treffen. Manchmal ist Nichtstun und Abwarten mehr wert als vorschnelles Handeln, manchmal genügt ein Stockwink, ein Schrei, ein Rufen oder nur die eigene Präsenz, um ein Tier zur Umkehr zu bewegen.

Gedanken zum Behüten

Behüten – bewahren – beaufsichtigen – beschützen – bewachen – betreuen – im Auge behalten – nicht aus den Augen lassen– nachsehen – sich kümmern – umsorgen – sorgsam behandeln ... Wenn ich mir diese Begriffe, die alle gleichbedeutend für «behüten» einsetzbar sind, auf der Zunge zergehen lasse, wird mir ganz anders. Sie zeigen das weite Spektrum auf, das den Hirten mit seinen Tieren oder seiner Herde verbindet. Ein guter Hirt ist demnach einer, der diese Eigenschaften zu einem Grossteil in sich trägt, aber auch noch in der Lage ist, die körperlichen (das viele Laufen bei Wind und Wetter), geistigen (das Aushalten der Einsamkeit) und seelischen (wenn ein Tier verendet) Anstrengungen einer Hirtschaft einen Sommer lang durchzustehen.

Für einen Hirten gibt es kaum ein schöneres Hochgefühl, als wenn er die Zufriedenheit seiner Tiere erspürt. Diese erreicht er vor allem, wenn sie genug Futter, genug Wasser zum richtigen Zeitpunkt, ausreichend Salz und genügend Ruheplätze und -zeiten haben.

Berichte vom Hüten früher

«30 Tage waren wir auf Guraletsch, es waren die schönsten Tage für die Hirten. Wenn die Tiere oben waren, hatte der Hirt seine Ruhe. Die Hütte gab es damals noch nicht. Früher gab es nur die Hälfte der Alpenrosen als heute. Anfang Sommer mussten wir die Kühe bis ganz weit nach oben treiben. Das war eine heisse Sache mit dem Grat.

Im Pruett ist man abends auch noch mal rauf, da haben wir versucht, um 18 Uhr mit Melken fertig zu sein, und dann sind wir alle rauf, es mussten alle mit vom Personal. Die Kühe waren fast wie aufgehängt da oben an den steilen Hängen, und abends vor dem Dunkelwerden ging es nach Muledg Veder. Zusenn und Schweinehirt gingen mit. Es gab Kühe, die sind nicht hoch gegangen, und andere sind gestiegen wie die Gämsen. All die Jahre haben wir keine Kuh verloren, aber einmal auf dem Weg zum Guraletsch hat sich eine überschlagen.

Für die Erwachsenen, Senn, Zusenn und Grosshirt, war das Melken eine harte Arbeit. Wir zwei Knaben, der Schweinehirt und ich, 12-jährig als paster pign, trugen die Verantwortung, dass die Kühe zusammenblieben.

Nach getaner Arbeit, so zwischen 7 und 8 Uhr, gab es dann Frühstück, Polenta, Käshörnli, lauwarme Milch direkt vom Euter mit Brot, Butter und Käse.

Gestärkt trieben wir zwei Hirten die Kühe auf die Tagesweide, die je nach Witterung mal höher und weiter, bei Regen unten im Wald war.

Dazumal bestand noch ein ungeschriebenes Gesetz, dass die Kühe mindestens 30 Mal nach Guraletsch bis 2400 Meter Höhe hinaufgetrieben werden mussten. Für uns zwei Hirten und die Tiere ein anstrengender Aufstieg von ein bis zwei Stunden. Der Senn führte genau Buch über die Einhaltung der 30 Tage. Der Aufstieg lohnte sich, denn einmal oben, konnten wir Hirten vier bis fünf Stunden faulenzen und den Schlaf nachholen.

So gegen 16 und 17 Uhr kehrten wir mit den Kühen wieder zurück in den Stafel, denn die Euter waren durch das feine, hochalpine Gras prallvoll. Dann gab es für uns zwei Hirten Zmittag.

Das Melken am Abend war um einiges mühsamer als am Morgen, denn durch die Hitze, die vielen Bremen, Mücken und Fliegen waren die Kühe sehr unruhig. Da kam es schon vor, dass ab und zu der Melkeimer umkippte und die Milch über den Stafel floss.

Zum Abschluss des Tages mussten wir zwei Hirten die Kühe auf eine Nachtweide treiben und hüten, bis sie so gegen 22 Uhr satt waren und sich im Muledg Veder zur Ruhe legten.

Für uns war nun ein 18-Stunden-Tag zu Ende, und wir fielen müde ins Stroh.»

(Erinnerungen von Wendelin Derungs, der 1948 als Hirt auf Alp Rischuna arbeitete)

Der richtige Hirte von 1997?

Fast hundert Jahre später hat ein Hirt aus unserer Zeit versucht, diese Zeilen auf die Jetztzeit umzuschreiben:

«Von früh morgens bis spät abends schreitet der moderne Hirt am Zaun entlang. Unablässig gleitet sein wachsamer Blick über gespannte Drähte auf der Suche nach mangelhaften Stellen. Nie wird der Hirt die Hütte verlassen ohne Zaunprüfer, Zangen, Hammer, Locheisen, einige Isolatoren, Draht- und Zaunbandstücke sowie eine Anzahl Ersatzpfosten. Seine Kenntnis über die verschiedenen Zaunmaterialien ist umfassend und immer auf dem neuesten Stand. Er unterscheidet zwischen Zäunen für Kälber, für Rinder oder für Kühe und wird stets bemüht sein, sie den jeweiligen Gegebenheiten anzupassen. Tagaus, tagein sinnt er darüber nach, wo noch neue Zäune vonnöten wären. Sei es zur Sicherheit der Tiere, sei es zur Weidepflege oder um die Herde problemlos an eine gewünschte Stelle zu leiten. Kein Berg ist dem Hirt zu steil, kein Tobel zu tief, wenn es darum geht, einen geplanten Zaun zu erstellen. Der gute Hirt kennt jedes seiner Zaungeräte, deren Eigenschaften und Leistungen. Nie wird er ihnen eine zu grosse Zaunlänge zumuten noch die Weiden verlassen, bevor er ihre einwandfreie Funktion überprüft hat.

Der moderne Hirt braucht weder einen Stecken noch einen Hund. Er ruht erst, wenn seine Tiere sicher zwischen den Drähten stehen und er weiss, dass 6000 Volt mehr nützen als Hundegebell und ein doppelter Stacheldraht sicherer ist als ein Stock in der Hand des Hirten.

Wenn der Hirt dann abends den Zaun verlässt und die darin eingesperrten Tiere sieht, trägt ihn das Wissen, dass sie ohne Zaun nicht mehr dort ständen. Und vielleicht, vielleicht ist am nächsten Tag, nachdem der Zaun kontrolliert ist, etwas Zeit, sich die Tiere etwas näher anzusehen.»

(Jörg Bäurle: Der Zaunbauer, 1997)

GIPFELTREFFEN MIT ANTON, ELKE, MARKUS

Ein Gipfelkreuz hinter der Alp
Ein paar Geissen, sie turnen herum
Und dann –
Wir schreiben das Jahr 1986

Der Pfarrer war da
Er hat die Alp gesegnet
Viele Fragen gehen mir durch den Kopf über
Tradition und Religion
Die Glocken der Tiere erklingen
Während sie auf die Nachtweide trotten
Wir schreiben das Jahr 1986

Fragezeichen und Notenschlüssel sind sich so ähnlich
Das Herdenlied der fressenden Tiere beginnt
Ich würde gern die vielen Fragen in einer Symphonie
Der Schellen und Glocken erklingen lassen
Wir schreiben das Jahr 1986

Der Abend strahlt, das Licht strahlt, es wird dunkel
Und weit, weit weg strahlt Tschernobyl
Fast zehn Jahre später sind Anton, Elke und Markus
An Krebs gestorben
Meine Fragezeichen und Notenschlüssel vereinen sich
Auf wundersame Weise

HIRTEN IM WETTER

Und plötzlich hab ich sie gesehen, die Himmelswalze, die sich unbemerkt und so schnell gebildet hat. Wie ein Meer fliesst sie über den Grat und ergiesst sich ins Hochtal. Da kommt was, sag ich zu mir und beginne zu laufen. Weit und breit nur Weide mit Steinen, Alpenrosen und Grasflächen. Die Wand kommt näher, ich suche einen Unterschlupf und finde ihn an einem Felsen. Vor und über mir mein Regenschirm, hinter mir der Fels, links mein kleiner roter Rucksack, rechts ein kleines, schwarzes Häufchen. Caro, mein Hütehund, schmiegt sich eng an mich. Es zuckt in mir, ein Augenschlag, eine Sekunde, Herzschreck. Der erste Blitz mit Donner, plötzlich, ohne Ankündigung. Es kracht um uns herum. Das hab ich noch nie erlebt, den ersten Blitz und Donner eines neu entstehenden Gewitters. Überall Feuer, ohrenbetäubend, gleichzeitig. Und es prasselt, Millionen fingerkuppengrosse Hagelkörner jagen vom Himmel, dahergepeitscht vom Sturm, sammeln sich in Spalten, werden mehr und mehr, füllen alle Zwischenräume aus, bis alles weiss bedeckt ist um mich herum. Nur mein kleines Notzuhause ist grün, heimelig und steinig hart. Hoffentlich ist Toni irgendwo untergekommen. Ich trinke heissen Rahmkaffee, dazu Schoggi und einen Apfel, welch ein Genuss, welch ein Schauspiel. Nach 20 Minuten ist das Spektakel zu Ende. Der unsichtbare Hirt hat alle Tiere, fast alle, an die Ostgrenze der Alp getrieben. Ich krieche aus meinem Versteck, der alte Toni taucht auf, auch er war unter einem Felsen, wir trinken noch eine letzte Tasse Kaffee und besprechen die Lage.

KONTUREN

In einem Betrieb, in dem täglich die Milch angeliefert wird, sie täglich verarbeitet werden muss, gibt es keine Auszeit, so wie es auch bei Bauern, in Krankenhäusern, Altersheimen oder bei Eltern keine Auszeit gibt. Auch jede Familie ist ein kleines Unternehmen, da gibt es keine Auszeiten, wenn ein Kind schreit, wird es getröstet, wenn sich der Hunger meldet, wird gekocht und gegessen. Weihnachten, das Fest der Familie, kennt ebenfalls keine Auszeit, Weihnachten kommt jedes Jahr, mit uns oder ohne uns. Und wir, wir können nur versuchen, uns in diesen Rhythmus einzufinden, und vielleicht können wir auch den tieferen Sinn verstehen, der mit diesen Rhythmen verbunden ist.

Heute ist der kürzeste Tag im Jahr oder die längste Nacht, wie man will. Heute ist noch vor Weihnachten, und schon bald ist nach Weihnachten, und dann befinden wir uns wieder eingebettet in einem wunderbaren Rhythmus, die Tage werden wieder länger. Dann geht es ums Licht, das für uns so wichtig ist, die Sonne scheint jeden Tag wieder ein wenig länger, und das ist wohl auch der tiefere Sinn von Neujahr.

Jedes Jahr dieser gleiche Rhythmus, mit oder ohne uns, wir können nur versuchen, uns in diesen Rhythmus einzufinden – und vielleicht können wir damit auch etwas machen, bewegen, bewirken. Das täglich länger werdende Licht hilft uns dabei, ohne dass wir etwas dafür tun müssen. So wie jeder Morgen kommt und die Dunkelheit vertreibt, so kommt jedes Jahr, immer wieder neu. Wir könnten diese Zeit nutzen, aber wir müssen es wollen, wirklich wollen, und dann beginnen die Veränderungen, wenn wir unseren eigenen Blick in einen anderen Winkel setzen. Unser Leben erhält Konturen, abgegrenzt von der Dunkelheit – wenn wir wollen.

WO?

Wo geht's lang?

Wo sind die Tiere?

Wo bin ich?

Wo meine Aufgabe?

Wo der blaue Himmel?

Wo ein Sonnenstrahl?

Wo die Wärme?

Solange ich noch wo? fragen kann
Liebt mich das Leben

WO SPIELT DAS LEBEN?

Geben
Ohne zu erwarten
Ein Lächeln
Weil es das Herz so will

Freundlich sein
Zu dem, der anders ist
Und leben lassen
Stehend am Rand

Wo spielt das Leben?
Nur in der Krippe?

Die Botschaft von Weihnacht
Tag für Tag

VISIONEN

Ein Jahreswechsel verführt uns immer wieder dazu, nachzudenken, was eigentlich los war im letzten Jahr. Erhofftes, Erwünschtes, Erreichtes, Verpasstes oder nicht Geschafftes, so vieles bewegt sich vor unserem geistigen Auge beim Rückblick ins alte Jahr.

Schnell, ganz schnell hat uns im neuen Jahr der Alltag mit seinen sogenannten Realitäten wieder eingeholt. Träume und Visionen, noch lauwarm, gesponnen zum Jahreswechsel, kühlen ab, verschwimmen, verschwinden. Der Trott beginnt, 365 Tage lang, bis zum nächsten Jahreswechsel, wo wir uns dieselben Fragen wieder stellen.

Eigentlich müssten wir uns doch um die Realität gar nicht so stark kümmern, sie sagt uns sowieso, was wir zu tun und zu lassen haben, und das jeden Tag und zu jeder Stunde. Aufstehen, frühstücken oder liegen bleiben dürfen, Schule, Arbeitsplatz, Freizeit, Freunde… Die vielen Realitäten bestimmen unsere Entscheidungen zu jeder Minute, ob wir wollen oder nicht.

Für mich sind in all diesen Alltagsrealitäten meine Träume, meine Visionen kleine Möglichkeiten, an den Geschehnissen der Zeit mitzudrehen, mitzugestalten, denn meine Visionen geben mir einen Daseins-Sinn, und ich kann ein wenig Einfluss nehmen auf die Richtungen des Lebens für mich und meine Umwelt. Visionen sind immer geistiger Natur und der Sprit für meinen Motor, meinen Körper, der sich nur allzu gern zurückfallen lässt in eine Trägheit, die eigentlich im Nachhinein unerträglich ist in einer Zeit, wo es doch so viel anzupacken gilt. Stillstand ist Tod, und nur Veränderung ist Leben, und dafür braucht es Ideen, Träume oder auch Visionen. Und dann ist da noch etwas, das mit der Verantwortung, das einmal ein kleines Kerlchen, der kleine Prinz von Antoine de Saint-Exupéry, so gut auf den Punkt gebracht hat: «Wir sind für unsere Träume verantwortlich.»

STILLE

Die Musik der Stille

HERBSTWEIDE

Wenn ich die Alp verlasse
Und den Schlüssel drehe
Ist es so
Als wäre niemand da gewesen
Nur die frischen Kuhfladen verraten mir
Dass da doch etwas war

Ein Sommer
Einen Sommer lang
Einen langen Sommer lang
Bis er vom Herbst abgelöst wurde

WECHSELBAD DER GEFÜHLE

Da unten liegst du
Meine geliebte Freundin
Meine Alp Rischuna

Hoffnungen, Liebe, Erfüllung, Sehnsucht, Schmerz
Alles scheinst du in dir zu vereinen
Du weckst meine Gefühle
Und meine Tränen fliessen
Ich lasse ihnen freien Lauf
Und der Bach neben mir
Ob auch er weint
Vor Schmerz oder Freude?
Du bist ein Teil von mir geworden
Ich bin geworden, so wie ich bin, auch durch dich

Meine geliebte Freundin
Ich ziehe weiter
Und nehme dich mit in gerührter Erinnerung

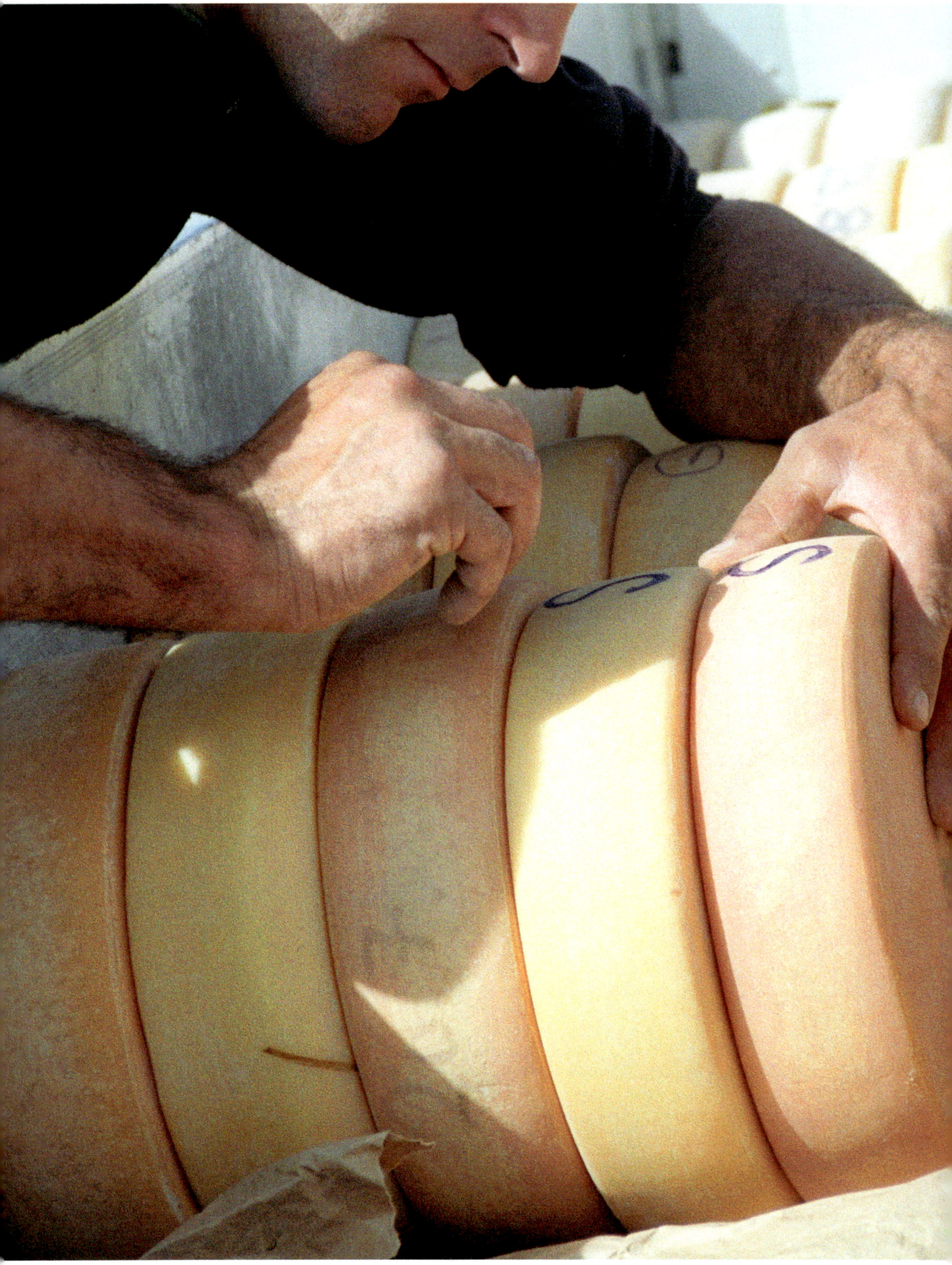

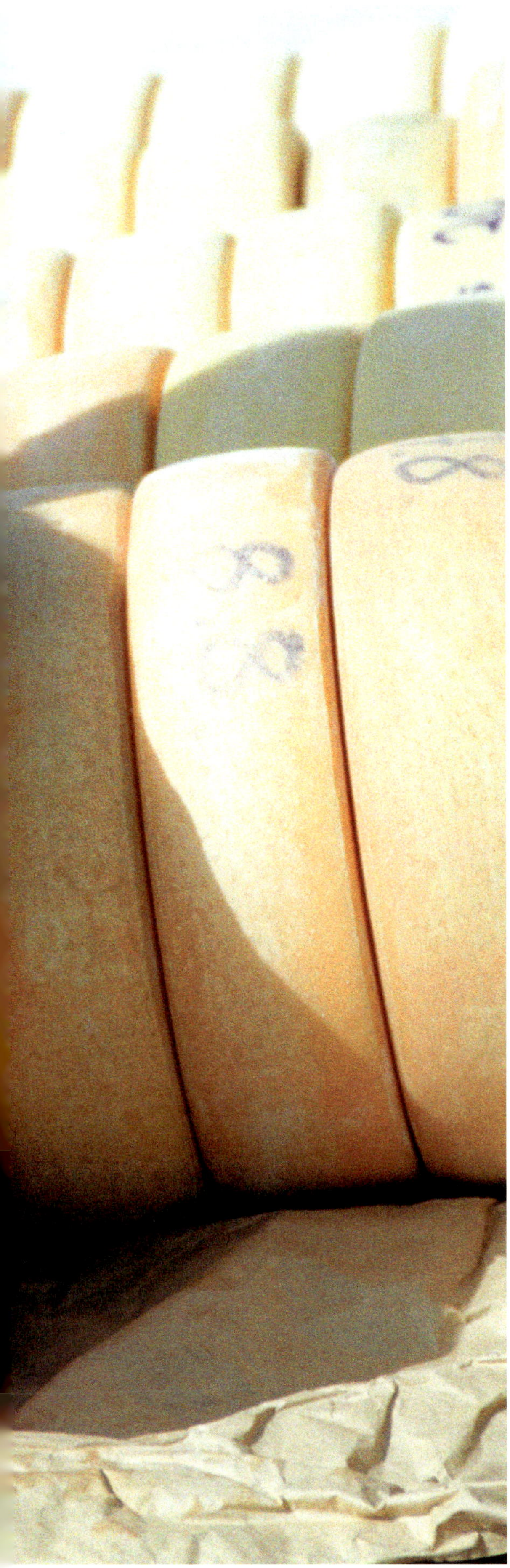

MULCHEN

Im Winter
Haben wir die Alpzeit auf dem Frühstückstisch
In Form von Alpbutter

Im Winter
Dürfen wir etwas von der Sommersonnenenergie
Im Alpkäse spüren

Im Winter
Erinnert uns ein Stück
Alpschweinefleisch an die Sehnsucht

Nach Freiheit, oder so ähnlich

EINE NUMMER

Mama
Bin ich wirklich
Nur die Nummer 8752?

HIRTIN

Als ich ein Kleinkind war, war mir meine Mutter Heimat. Bei ihr durfte ich Geborgenheit, Sicherheit und Liebe erfahren. Bei ihr war ich zu Hause.

Als Kind bin ich viel draussen gewesen. Wir haben gespielt und uns dabei vergessen, und erst als es dunkel wurde, haben uns die Rufe unserer Eltern in die sichere Stube geführt. Der Tisch war gedeckt, die Brote geschmiert und die heisse Milch dampfte. Das war mein Zuhause.

Als Jugendlicher war ich nicht mehr so oft zu Hause, meistens «nur» zum Schlafen, wie mir meine Eltern vorgeworfen haben. Ich war viel unterwegs, unterwegs auf der Suche nach meinem eigenen Weg. Ich war heimatlos.

Nach der Schule ging ich fort, ein Jahr lang weg von zu Hause. Ich habe in fremden Ländern bei fremden Menschen mit fremden Sprachen die Fremde und mich erlebt. Ich habe Heimweh erfahren, Heimweh nach Gleichgesinnten, Heimweh nach Sprache, Heimweh danach, verstanden zu werden.

Als Student lernte ich, meinen Geist zu bewegen. Ich lernte die Politik kennen, lernte, konstruktiv mit ihr umzugehen durch Mitbestimmung und Mitgestaltung, ich fand den Weg zu einer geistigen, politischen Heimat.

Später hat sich mein Heimatbegriff weiter verschoben. Heimat wurde bei mir der Bereich zwischen Baumgrenze und Himmel, abseits von nationalen Grenzen. In diesem Raum fühlte und fühle ich mich geborgen. Mir geht es gut, so nah verbunden zu sein mit den Elementen Boden, Wasser, Himmel, Regen, Blitz und Donner, Hitze, Kälte und Schnee.

Und heute, wo ist meine Heimat heute? Wo ist meine räumliche Heimat, wo meine geistige Heimat, wo ist meine politische Heimat, meine seelische Heimat?

Heimat ist Weg, Heimat ist ein Prozess, Heimat ist ständig im Wandel.

Das Zuhausesein hat sich verwandelt und wurde abgelöst durch ein tiefes Heimatgefühl.

Auf der Suche nach meiner inneren Heimat bin ich weiterhin unterwegs.

HALLO

Starlera, paster da gianetschas

Monika von Munt hat heute Norina abgeholt. Sie gehörte zu den schwersten Kühen und soll schon bald kalben. Placi war auch mit dabei und hat ein Rind mit nach Hause genommen, das verworfen hatte. Es hat schon fürchterlich gestunken.

Ich habe Monika und Placi vom alten Gravastafel nachgeschaut. Da stieg eine Frau mit Rucksack vom Oberrinderberg herunter und schlenderte durch die Herde hindurch auf mich zu. Es war Hilda, die einige Tage ihren Bruder auf der Jagd begleitet hatte.

Hilda Albin, Starlera, 1975,76, Tersnaus

Diese Inschrift fand ich dreimal: im Stübli von Unterrinderberg, auf dem Stalldach von Rischuna und im Schlafraum der Alp Grava. Ich habe erfahren, dass Hilda Mitte der Siebzigerjahre mit ihrem Vater die Rinderalp machte. Bis dahin hatte ich nur von Buben gehört, die mit auf die Alp genommen wurden, um Schweine und Kühe zu hüten. Hilda war die erste Frau, die ich kennenlernte, die als Mädchen den ganzen Sommer lang auf der Alp war.

Die Familie hatte zu Hause fünf Jahre lang den Viehbestand reduziert, so dass im Stall nur noch zwei Kühe und ein paar Rinder versorgt werden mussten. Ein Teil des Landes wurde verpachtet, ein anderer Teil wurde von der Mutter, einem Bruder und einer Schwester bewirtschaftet.

Die Mutter wollte auch sie zu Hause behalten, denn es gefiel ihr nicht, dass die Tochter den ganzen Sommer fort war, doch «es geschah, was geschehen musste». Vater und Tochter gingen auf die Alp.

«Ich war ziemlich genau zwölf Jahre alt. Am Anfang hatte ich fürchterliches Heimweh. Das war auch verständlich. Doch mit der Zeit gefiel es mir immer besser. Was mir zu schaffen machte, war, dass ich das einzige Mädchen dort oben war, obwohl ich ganz gut zurechtkam mit den Männern.

Um halb sieben Uhr sind wir meistens aufgestanden. Ziemlich spät, aber es reichte. Für mich war es sowieso ziemlich früh! Ich machte das Morgenessen parat, und mein Vater blickte nach draussen, um zu sehen, wo die Rinder steckten. Natürlich interessierte er sich auch für das Wetter. Nachher assen wir in aller Ruhe das Morgenessen.

Ich versorgte dann alles und machte die Betten und lüftete die ganze Hütte. Als wir fertig waren, gingen wir zusammen die Rinder zählen.

Zuerst natürlich alle zusammentreiben. Das dauerte auch eine Weile. Nachher musste ich mit meinem Vater den Zaun kontrollieren. Irgendwo war er meistens kaputt, und so reparierten wir ihn. Die Kontrolle dauerte ziemlich lange, so bis elf Uhr. Dann ging ich zur Hütte zurück, um das Mittagessen zu kochen. Wir hatten natürlich kein Wasser in der Hütte. Ich musste immer zum Brunnen gehen, Wasser holen, doch der war nicht so weit entfernt. Mein Vater kam meistens ein bisschen später nach. Er half mir auch kochen, und er konnte mir vielmals einen guten Tipp geben in Sachen Kochen. Er kochte im Allgemeinen besser als ich, doch er lobte immer meine Kochkünste.

Nach dem Zmittag gönnten wir uns eine Ruhepause. Am Nachmittag ging mein Vater wieder zu den Rindern.

Ich hatte natürlich auch einen Waschtag. Im Brunnen wusch ich unsere Kleider. Natürlich wurde es nicht so sauber, aber für dort oben reichte es schon.

Während mein Vater nach den Rindern sah, spaltete ich Holz. Das machte ich sehr gerne. Es war zwar etwas gefährlich, aber ich tat es einfach gerne. Bis ich einmal meinen Daumen zerhackte. Ich hatte grosses Glück, dass der Daumen noch an der Hand war. Es sah sehr böse aus.

Nach dem Holzen ging ich dann auch zu meinem Vater. Ich musste Salz mitnehmen für die Rinder. Das Salz wurde auf den Steinen verteilt.

Wenn das Wetter schön war, gingen wir auch strahlen. Das war für mich sehr interessant. Und meistens waren wir auch erfolgreich. Es gab nicht so grosse Steine, aber sehr schöne.

Dann kam wieder bald der Abend. Wir trieben alle Rinder zusammen. Nachher ging es langsam wieder zurück zur Hütte.

Wir assen ziemlich früh das Nachtessen.

Ich musste danach Milch holen mit der Milchkanne. Das stank mir am meisten. Erstens war es für mich recht schwer, und zweitens schauten diese Männer mich immer so komisch an! Das Nachtessen kochte meistens mein Vater. Um acht Uhr gingen wir schon schlafen. Manchmal machten wir noch einen Jass.

Mühsam ist es, wenn Rinder stierig werden. Dann musste ich immer nach Lunschania laufen und dem Landwirt telefonieren. Einmal im Sommer, da waren wir auf Guraletsch, als zwei Rinder in eine Schlucht hinabstürzten. Und ich musste von dort aus nach Lunschania laufen, um Bescheid zu sagen. Es war ziemlich spät abends, als ich in Lunschania ankam. Ich ging zur Familie Cavegn, um anzurufen. Es war acht Uhr abends. Der Cavegn meinte, ich solle bei ihnen übernachten und morgen früh wieder hinauflaufen. Aber ich konnte nicht dort bleiben, denn ich dachte, mein Vater wird sich dann auch Sorgen machen um mich und würde denken, es sei etwas passiert mit mir. Und so machte ich mich zur späten Stunde auf den Weg. Es fing schon an zu dunkeln, doch ich hatte eine Taschenlampe dabei, zum Glück. Auf dem Weg wurde ich überrascht von einer Schlange, die mitten im Weg lag. Ich schrie laut heraus, aber niemand konnte mich hören. Ich beobachtete sie eine Weile, bis sie verschwand. Nachher bin ich fast den ganzen Weg gerannt. Genau eine Stunde und fünfundvierzig Minuten habe ich gebraucht bis Guraletsch, so schnell war ich noch nie gelaufen.

Wenn ich heute zurückdenke, war es eine schöne Zeit.

Ich kann nur sagen, ich würde heute sofort wieder auf die Alp gehen.»

(Hilda Albin, 1991)

HÖRNER

Hörner behalten dürfen oder nicht

Das ist eine Frage

Unseres eigenen Kulturverständnisses

WÜRDE

Die Würde des Menschen ist unantastbar
Und die Würde der Tiere?

«ICH BIN ALT, SEHR ALT SOGAR, UND DAS IST GUT SO.»

Ein Telefon
Sie will mit mir reden
Mich kennenlernen
Wir verabreden uns
Abends
Eine kleine Bank, zwei Tassen Tee

Als junges Mädchen
So erzählt sie mir
Hat sie beim Wildheuen geholfen
Viele Kilometer hatten sie damals das Heu
Mit dem Pferdewagen
Aus den Avner Bergen durch die Schluchten
Nach Hause gebracht
Und immer wollte sie Bäuerin werden

Doch dann, ein Mann, Kinder, ein Job
Weit weg von den Bergen
Mit 65 Jahren bekam ihr Mann Rente
Sie kauften einen kleinen Hof
Fünf Kühe, sie lernten das Handwerk der
Landbewirtschaftung

20 Jahre lang waren sie Bäuerin und Bauer
Jetzt ist ihr Mann gestorben
Der Hof verkauft
Und das junge Mädchen von einst
Sitzt neben mir auf einer kleinen Bank
Mit 85 Jahren
Gesund und zufrieden
Wir trinken Tee

SCHÖN, DASS ES DICH GIBT

Es ist so schwer, loszulassen, abzugeben, andere machen lassen, auch wenn man selbst sieht, wie umständlich oder falsch sie es machen. Dabei meint man oft nur, ein anderer macht etwas falsch. Oft macht er es nur anders, anders als man selbst.

Zusehen, wie andere etwas anders machen, vielleicht auch falsch machen in den eigenen Augen, und daraus selbst lernen, ist so schwer.

Den eigenen Mund aufmachen, wenn ein anderer etwas anders oder falsch macht, und den richtigen Ton im richtigen Moment treffen, ohne zu verletzen, ist auch so schwer.

Müssen denn Verletzungen und Auseinandersetzungen dazugehören, müssen denn immer erst Tränen fliessen, um einen Schritt weiterzukommen?

Und wie viele Tränen werden nach innen geweint, nicht nach aussen, sind verstopfende Tränen, keine lösenden und befreienden Tränen! Wie oft sind Tränen letzter Ausdruck, letzter Aufschrei, wenn man sich unverstanden fühlt, wenn man sich selbst nicht richtig ausdrücken kann!

BERGLAND-SCHAFT, WO SICH NATUR UND KULTUR BEGEGNEN

Allerschönster Sonnenschein. Musste noch mal schnell weg von der Hütte. Bin nach Grava gelaufen und dann auf Oberrinderberg. Hier sitze ich nun, da, wo sich Kulturland und Naturland begegnen.

Herrlich, dieser Blick ins Hochtal, unten der Bach mit viel Schmelzwasser und den Weiden von Grava und Rischuna, die steilen, schon saftig grünen Hänge gegenüber, die einladen, abgefressen zu werden.

Weiter oben wartet das verschlafene Guraletsch, es möchte geweckt werden, und hinter mir erhebt sich der Piz Tomül, einer unserer Hausberge, mit noch verschneiten Mulden und Tobeln.

Nichts rührt sich, eine ungestörte Stille in dieser Bergwelt. Nur die schnellen Wasser zahlloser Rinnsale, Bäche und einiger Wasserfälle stimmen einen gleichmässigen Grundton an. Das ist ein Tanzen und Summen von unzähligen Tropfen! Sie folgen dem ewigen Gesetz; sie fallen hinunter, um irgendwann und irgendwo wieder von der Kraft der Sonne hinaufgezogen zu werden. Sie dienen dem Kreislaufgedanken der Natur.

Es ist gewaltig, kaum auszuhalten in seiner Schönheit.

Ich muss wieder zurück, diesen Genuss unterbrechen, in zwei Tagen sollen die Kühe kommen, da gibt es noch allerlei zu tun in der Hütte und auf den Weiden.

WACH

Du siehst die Sonne aufgehen
Sie weckt den Tag
Und du bist einfach nur dankbar

Hier oben stehst du als Erster in der Sonne
Unten liegt noch alles im Schatten
Es ist ein bewegendes Gefühl
Zu erleben
Wie der Tag erwacht

Du bist wach

«ICH BRAUCH MEHR HIMMEL ...»

... sagte sich der Thunfisch
Und überlegte
Wie er das anstellen könnte

Im grossen Meer liess er sich fangen
Eindosen, verschiffen, verkaufen
Bis er irgendwo auf einem Gipfel
In den Schweizer Bergen
Aus seiner dunklen Büchse befreit wurde

Neben ihm stand ein Becher
Mit dampfendem Kaffee
Und eine grosse Flasche Bier
Ein Liter Monsteiner Bier

«Ich brauch mehr Himmel»
Sagte sich die Kuh
Und stieg hoch und hoch und immer höher
Bis sie eine grosse Flasche Bier
Einen Becher Kaffee und eine Dose Thunfisch traf

Und dann besprachen sie die wichtigen Themen
Dieser grossen, weiten Welt

ES GIBT KEIN SCHLECHTES WETTER

Mit den Kühen zog ich heute erst um halb zehn vom Stall. Es gewitterte, es schüttete, blitzte und donnerte immer weiter, so dass ich die Tiere im Tobel vor Grava stehen liess, wo es recht ungefährlich ist bei Blitz und Donner. Bei Jürg Unterschlupf gesucht und mich getrocknet. Er war am Käsen auf dem Küchenherd, mit 30 Liter Kuh- und Geissmilch, gesammelt in drei Tagen.

Nachmittags habe ich die Kühe in den Spitz gebracht, wo sie sich zufrieden eingefressen haben. Ständig regnet es. Ich habe wieder Steinhaufen gebaut. So viel Material liegt da herum, von den Lawinen im Winter.

Diese Steinhaufen zu errichten, ist eine schöne Handarbeit. Stein für Stein, ein Sammeln, ein Wiederablegen, etwas schaffen, mit eigener Kraft, ohne stinkende, laute Maschinen, es erfüllt einen Zweck, doch nicht nur, es ist auch schön fürs Auge, Strahlen gestalten, Sonnenstrahlen, Symbol für Fruchtbarkeit, und diese Alp ist sehr fruchtbar, man muss ihr nur Sorge tragen.

Es ist ein Kampf zwischen Naturland und Kulturland. Wir als Kulturwesen gestalten die Natur in Kulturland um. Wir sind aber auch Natur, Teil der Natur, Naturwesen. Kultur und Natur verschmelzen, werden eins, wir müssen beidem Sorge tragen.

(Tagebuch, Alp Rischuna, 1991)

Geissen und Regen
Das geht nicht
Jeder Tropfen ist ein Schlag
Jeder Tropfen schmerzt
Regen und Geissen
Das geht nicht

LIEBE ZUR ALP

Leidenschaft und Herzblut
Sind nicht planbar
Kann man nicht kaufen

DAS LEBEN KENNT KEINE RECHTEN WINKEL

Das Lied einer ziehenden Herde

Ist Musik in meinen Ohren

Unvergleichlich

Es gehört in die Berge

Kannst du dir einen Notenschlüssel

Mit rechten Winkeln vorstellen?

JUNG UND WILD

Heute stand ich um 5 Uhr auf. Hab dem Toni Milch in seine Hütte gebracht. Dann bin ich los. Ich wollte alle Tiere im Tobel Aua da Grava kontrollieren. Judith kam mit. Im Tobel Val Gronda haben wir sie dann gefunden. Eine Meese, Kopf nach unten, auf dem Rücken liegend, Beine in der Luft, zwischen zwei grossen Felsen. Sie ist dort hineingerutscht. Glocke und Ohrenmarke hab ich mitgenommen. Wir sind weiter.

Ich hab die Tiere angeschaut, aufgeschrieben, viele hatten kein Zeichen mehr. Die mit Schere geschnittenen Nummern sind schon zugewachsen. Dann durch die vielen, vielen kleinen Tobel hinauf zu den Seen, drei Meesen vom Grat Furcla da Green geholt, zehn Kälber aus einer Steinhalde raus, Kaffee genossen, Toni gesucht, gefunden, getroffen, alles berichtet.

Judith noch ein paar Kälber gezeigt zum Runterholen von einem Steilhang, dann losgelaufen, zurück zur Kuhalp, Bauer Sepp Camenisch aus Schluein angerufen, Rega, Termine vereinbart, wieder losgelaufen zu elf Rindern, die auf eine gefährliche Nase geklettert waren, runtergetrieben zum Bach, weiter zum toten Tier vom Morgen.

Oberhalb der toten Meese habe ich eine alte galte Kuh getroffen mit neun Meesen drum herum. Sie waren alle gelegen, kein Wiederkäuen. Als würden sie Totenwache halten bei ihrer Freundin, die Augen halb geschlossen, wie in Trauer. Ich geh weiter, der Helikopter soll erst morgen fliegen.

Halb 10 Uhr: Sitze wieder am Val-Gronda-Tobel, unter mir die tote Meese. Warten auf den Heli. Er will zwischen 9 und 11 Uhr kommen. Es hat Nebelfetzen und herumirrende Wolken, fliegen könnte er trotzdem.

Tod und Leben sind hier so nah, dort eine Meese, ausgelebt, hier eine Glockenblume am Aufblühen.

10 Uhr: Immer wieder höre ich ihn, den Heli, und dann ist er's doch nicht. Als wären hundert Helis um mich herum, und keiner findet mich, keiner sieht mich, trotz einem roten Tuch, das ich ausgelegt habe. So wie gestern, da habe ich den Toni gesucht. Überall habe ich ihn gesehen, Dutzende Mal, als würde er geisterhaft auftauchen und verschwinden. Und immer dann, wenn ich ihn «wirklich» gesehen habe, hat er sich schnell aufgelöst, wie Nebelschwaden.

Hier kriecht gerade so eine dicke Nebelsuppe herauf, jetzt könnte er nicht fliegen, 20 Meter Sicht, ich fühle mich wie auf einer Insel, umgeben vom Nichts, dem Rauschen zweier Bäche und der Rinderglocken. Nein, ich bin nicht allein.

11 Uhr: Nebel, immer noch Nebel, kein Heli, keine Sicht, ich mach mich auf die Socken, Nebel hüten, Schellen lauschen und Tobel für Tobel durchwandern, hinein, hinaus, auf und ab, Tiere suchen, schauen, das Leben riechen, einatmen, den Tod versuchen, ihn aber nicht zulassen, versuchen, Leben und Tod zu verstehen, zu erahnen. Sie sind wie siamesische Zwillinge, aneinandergekettet, untrennbar, aufeinander angewiesen. Ich atme ein und atme aus, das Leben pulsiert im Beisein des Todes.

22 Uhr: Bin heut spät zurückgekommen von meiner Rindertour, es war schon dunkel. Um 14 Uhr ist der Heli geflogen und hat die Meese geholt, trotz Nebelwetter den ganzen Tag. Bin müde.

(Tagebuch 1993)

ABSCHIED

Ja, ich weiss
Abschied und so
Meine Gefühle
Ich habe sie nicht im Griff
Tief in mir steigt etwas empor
Und will raus, will schreien, will zu dir
Ein Blick, eine Hand, ein Arm, eine Schulter
Es ist vorbei, einfach nur vorbei
Abschied und so
Ja, ich weiss
Und mein Kopf tritt in die zweite Reihe

HIRTEN ERNÄHREN IHRE HERDEN, DIE HERDEN IHRE HIRTEN

Und dann beginnt ein Ziehen in der Herde, wie von einem unsichtbaren Hirten begleitet. Das Glockenlied der Herde ändert sich. Mit geschlossenen Augen weiss ich, was die 72 Kühe machen werden, ziehen, ziehen, ziehen, wie mit zahllosen Schnüren verbunden, von Schwanz zu Schnauze, von Schnauze zu Schwanz, mal zwei, mal drei, mal eine Fünfergruppe, so zeichnen sie mit ihren braunen, dicken Leibern die Kuhwege nach, die sie sich in jahrelanger Tretarbeit selbst geschaffen haben. Es sieht aus, als wäre es ein einziger Leib. Ja, genau so ist es.

Nur noch wenige Glockenklänge erreichen meine Ohren. Der rauschende Bach in meiner Nähe übertönt den Herdengesang, der sich mehr und mehr entfernt. Sie ziehen über einen Grat nach hinten, hinein in den Kessel, werden sich nach links und rechts verteilen. Sie werden fressen, das Bachwasser saufen und sich ablegen. Nachmittags werde ich sie dann stören in ihrer Mittagsruhe. Ich werde dann

«Aaaaaaaaa ...
... lealealealealealeeeeeeeeeeeee ...
... eeeeeeeiiii»

rufen, und sie werden sich in Bewegung setzen zu den Alpställen, gemächlich, ungetrieben, satt und zufrieden.

MURMELKINDER

Mit meiner Frau Maria war ich vor einigen Jahren auf der Horneralp bei Nufenen zu Besuch. Dort oben auf der Jungviehalp sind wir auf die Geschichte eines Murmeltiers gestossen, das wie eine Katze bei der Älplerfamilie gelebt hatte. Der Hirt erzählte mir dann Folgendes:

«Es hatte schon über drei Wochen fast ununterbrochen geregnet, alles war nass und schlammig auf der Alp. Auf meiner täglichen Rundtour über das Alpgelände, bei der ich das Vieh kontrollieren musste, spürte ich plötzlich unten an meinen Füssen ein kleines, nasses, wuscheliges Wesen, das nicht mehr von meiner Seite wollte. Es war ein ‹Kätzchen›, so nennt man im Alpenraum kleine Murmeltierkinder.

Ich nahm es nach Hause, wir fütterten es mit Milch und allem anderen, was auch unsere Katze bekam. Wir waren eine Familie, zwei Kinder und meine Frau, und unser kleinstes Kind war erst halbjährig und noch im Kinderwagen. Dort schlief das kleine Murmeltier mit unserem Kind im gleichen Bettchen, auf dem Rücken und alle vier Beine von sich gestreckt.

Gegen Ende der Alpzeit wurde das kleine Tierchen immer frecher, so wie kleine Katzen eben auch sind, und nichts war mehr vor ihm sicher.

Wir haben es den ganzen Sommer durchgefüttert, dann kamen der Herbst und der Alpabschied. Wir wussten, wir durften das kleine Tier nicht mit nach Hause nehmen, und die Jäger sagten, das Murmeltier würde den Winter nicht überleben.

Als wir nach dem Aufräumen die Alp verlassen hatten, kamen die Jäger und haben das kleine Tier erschossen. Um es vor unnötigen Leiden zu bewahren, haben sie gesagt. Das Gesetz der Natur.

Uns hat das sehr getroffen und betroffen gemacht. Wieder einmal wurde der Mensch zum Raubtier, ohne dass er das Murmeltier selbst zum Überleben gebraucht hätte, so wie es eigentlich von der Natur aus vorgesehen wäre.»

WELCHE LANDSCHAFT WOLLEN WIR UNSEREN KINDERN HINTERLASSEN?

Hirt bin ich schon lange nicht mehr
Oder doch?

Hat sich vielleicht
Die Herde verändert
Das Hütegebiet
Das Klima
Die Aufgaben
Der Rhythmus?

RÜCKBLICK

Abends, wenn wir zu Bett gehen
Und der Tag vorüber ist
Blicken wir zurück auf unser Tagwerk

Am Jahresende fragen wir uns
Was ist geschehen all die Wochen und Monate
Sie rast, die Zeit, sie rast so schnell

Und dann kommt der Tag
Die Stunde
In der wir auf unser Leben zurückblicken

IM WALD, WIE JEDEN MORGEN

Morgens in der Dämmerung die Kühe zu holen, ist immer wieder das Allerschönste für mich. Heute Morgen stand ich auf, suchte im Kerzenlicht meine Klamotten zusammen, zog mich an, Bergstiefel und eine warme Jacke, schnalzte mit der Zunge auf das graue Fellpäckchen im Eck, nahm meinen Stock und verliess den Stall. Es war halb fünf, noch dunkel, doch am Horizont glaubte ich die Morgendämmerung zu spüren, nur eine kleine Ahnung, nicht mehr und nicht weniger, oder war es Einbildung, wie jeden Morgen um diese Zeit? In der Sennerei entzündete ich Leichtbenzinlampen, erschreckte mein Gesicht mit kaltem Wasser und machte Feuer. Mit in Petroleum getränkten Sägespänen war das kein Problem, wie jeden Morgen. Ich klopfte an die Stüblitür, machte auf und knurrte, wie immer, zwei unterschiedlich hohe Laute, ohne den Mund aufzumachen. So früh konnte oder wollte ich noch nichts Verbales von mir geben, wenn es nicht unbedingt sein musste. Von drinnen kam dann ein «frischer» guter Morgen zurück, wie jeden Morgen. Sie waren wach, zumindest halbwach. Ich verliess die Sennerei. Am Kreuz hinter der Hütte pinkelte ich in hohem Bogen über den Felsen, auch wie immer um diese Zeit, ausser bei strömendem Regen. Meine Augen gewöhnten sich so langsam an die Dunkelheit. Tao war von mir angesteckt worden und hob sein Bein an ein Stück Brennholz. Ich sang mit lang gestrecktem Ton einen bestimmten Ruf, der immer aus mir herauskam, wenn ich Tiere holte.

«Hoooooooooooooooo
hoouhooouhooouhoooo
hoouuu!»

Ich stiefelte los, immer die gleiche Runde, zuerst nach unten an den Waldrand, dann an der Felskante entlang, bis bei den grossen Lärchen und hohen Fichten der Zaun anfing. Und da stand Mira wieder, wie jeden Morgen, und wartete schon auf mich.

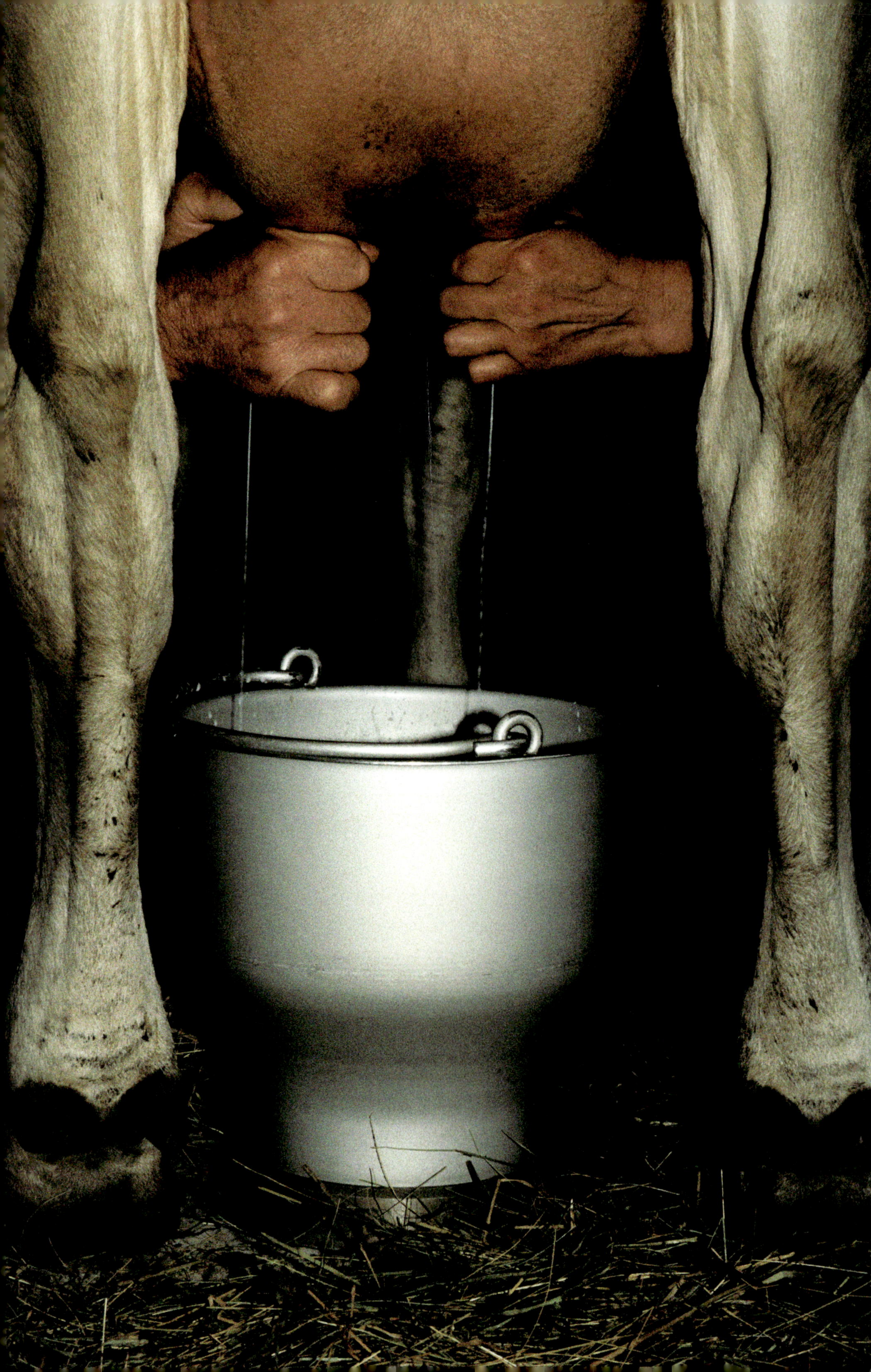

GEMEINSAM

Heute stehen wir um sechs Uhr auf. Die übliche Morgenzeremonie? Nein, nicht ganz. Das Kessi darf an diesem Morgen weiterschlafen, leere Milchwannen, wir rühren das Milchgeschirr nicht an, kein Lärm vom Melkmaschinenmotor.

Zum letzten Mal gehe ich hinaus, um die Tiere aus der Dunkelheit zu holen. Ich brauche sie nicht zu suchen, ich weiss, wo sie liegen.

Eine melancholische Handlung, das Anketten an diesem Morgen, ein erstes Abschiednehmen von der einen oder anderen. Es ist stockdunkel, kein Wunder zu dieser Jahreszeit, das Einstallen und Anschwanzeln dauert.

Die Tage zuvor haben wir um diese Stunde noch in den Nestern gelegen und geträumt. Das späte Hellwerden im September hat uns dazu veranlasst, mit der Dämmerung zu gehen, mit ihr aufzustehen. Stumm nimmt sich jeder einen Eimer. Im Licht der Benzinlampen, die nur spärlich die Ställe erleuchten und lange Schatten verbreiten, setzen wir uns unter die Kühe und melken diejenigen mit den dicksten Eutern.

Anlehnen, Anhandeln, und dann: schsch schsch, schsch schsch ... Das rhythmische, leichte Ziehen und Drücken an den Zitzen wird zu einer fast heiligen Handlung. Hell, hart, blechern klingen die ersten Strahlen, die den Eimerrand treffen, um dann in ein gleichmässiges, weiches und immer dunkler werdendes, beruhigendes Geräusch überzugehen.

Schaum bildet sich im Kübel, mehr und mehr. Jeder kräftige Strahl lässt mich eine angenehme Gänsehaut auf dem Rücken spüren. Schön. Kein Anrüsten, Anhängen, Kontrollieren, Hetzen, Abhängen – nein, die Zitzenbecher haben sich in Fleisch und Blut verwandelt. Es sind die Melkerhände, deren Handflächen sich leicht öffnen, um sich dann wieder mit sanftem Druck um die Striche zu schliessen. Das ist Musik und Rhythmus.

Ich werde traurig. Ich würde gern zwanzig Kühe mit der Hand melken können, dann bräuchte ich nicht jeden Morgen und Abend den stinkenden Motor zu riechen und zu hören. Wir Älpler und die meisten Bauern hier in der Gegend können heute keine zwanzig Kühe mehr mit der Hand melken, das ist vorbei, wir haben es nie gelernt, und lernen muss man das von Kind an.

Im Melkeimer steigt der Milchspiegel unter der Schaumkrone nach der zweiten Kuh bis zum Überlaufen an, ein paar letzte Spritzer noch und fertig. Ein paar Kühe dürfen so an diesem Morgen eine besondere Verabschiedung erfahren. Normalerweise werden am Abfahrtstag keine Kühe mehr gemolken. Das ist auch eine Tradition von früher. Damals gingen auch die Älpler von der Alp, die am letzten Tag mehr oder weniger aufgeräumt hatten. Somit war keine Zeit mehr für die Milchverarbeitung. Wir wollen jedoch noch ein paar Tage länger bleiben. Im kühlen Keller hat die Milch erstaunlicherweise erst nach sechs Tagen sauer zu werden begonnen, wenn wir darauf geachtet haben, regelmässig umzurühren.

Mir wird komisch im Bauch, wie jedes Jahr am letzten Morgen im Stall. Wir müssen sie zurückgeben, und das tut weh. Sie sind zu unseren eigenen Kühen geworden, wir haben ihre Eigenheiten kennengelernt und wissen alle ihre Namen.

Die kleine Seda mit dem krummen Horn, auf der man reiten kann, oder Placis Kühe, ein eigener Trupp, der sich zuletzt auf Bödem versteckt hat. Die schwere Norina, die schon vor ein paar Tagen abgeholt worden ist, und Elga, die stolze Heerkuh und Älteste von allen. Ach ja, da sind noch die Grauen, drei Überbleibsel einer alten Bergrasse, oder Olivia und Omega, die immer zusammen gegangen sind. Und Poni von der Sophi, die jugendlich schöne mit den verführerischen Augen, und Arfela mit den Falten im Gesicht, bei der ich nie gewusst habe, ob sie leer ist oder nicht. Manche kenne ich schon seit fünf Jahren und weiss oft im Voraus, was sie wann und wie machen werden, beim Hüten oder Treiben. Nur noch wenige Stunden, dann werden sie geholt, steigen wieder hinunter von der Alp und trotten nach Hause in ihre verschiedenen Ställe.

GLOSSAR

Anhandeln = Anrüsten
Die Kuh an den Zitzen vor dem Melken so stimulieren, dass die Milch vom Euter in den Strichkanal fliesst.

Anschwanzeln
Die Schwänze der Kühe werden mit einer Schnur so angebunden, dass sie nicht den Mistgang berühren, wenn die Kuh sich hinlegt.

Aufnehmen
Wenn ein Tier trächtig wird durch einen Stier oder den Besamer.

Galtweide
Eingezäunte Weide, auf der Tiere weiden, die nicht mehr gemolken werden.

Heerkuh
Die stärkste Kuh; sie setzt sich gegen alle durch.

Kalben
Wenn eine Kuh ein Kalb zur Welt bringt.

Kessi
Schweizer Ausdruck für Käsekessel

Leitkuh
Die Kuh, die am Anfang der Herde geht und sie auf die Weide führt.

Meese
Ein jähriges Tier, das noch nicht trägt.

Mulchen
Mulchen sind Alpprodukte wie Butter, Käse und Ziger.

Strahler
Menschen, die in den Bergen nach Bergkristallen suchen (= strahlen), nennt man Strahler.

Strichverletzung
Ein Strich ist eine Zitze einer Kuh; Verletzung an der Zitze.

Trockenstellen
Eine tragende Kuh wird rund zwei Monate vor dem Kalben nicht mehr gemolken, sie wird trockengestellt.

Trohlen
Wenn ein Tier im steilen Gelände den Halt unter den Füssen verliert. Manchmal endet das Trohlen tödlich.

Verwerfen
Wenn eine Kuh ihr Kalb zu früh bekommt und das Kalb tot ist.

Ziger
Eiweissausfällung aus Milch oder Molke durch Hitze und Säure.

LITERATUR-HINWEISE

Hilda Albin: schriftliche Mitteilung, 1991

Jörg Bäurle: Der Zaunbauer. Bericht aus einer anderen Welt. Amtzell 1997 (unveröffentlicht)

Louis Carlen: Das Recht der Hirten. Zur Rechtsgeschichte der Hirten in Deutschland, Österreich und der Schweiz. Scientia Verlag, Aalen 1970

Wendelin Derungs: Mitteilung, 1991

Schweizerisches Idiotikon. Wörterbuch der schweizerdeutschen Sprache. Band II. Verlag Huber, Frauenfeld 1885

Friedrich Gottlieb Stebler: Alp- und Weidewirtschaft. Paul Parey Verlag, Berlin 1903

Richard Weiss: Das Alpwesen Graubündens. Eugen Rentsch Verlag, Erlenbach 1941

BILDNACHWEIS

Seite	Inhalt	Postkartennummer	Ort	Jahr
4	Das Leben geht seinen eigenen Weg	311	Beveringebiet	2008
10-11	Hirten - Hüten - Behüten	6	Alp Tambo	1995
12-13	«Ich bin Elga und gehe den sechzehnten Sommer auf die Alp.»	2	Alp Rischuna	1989
16-17	Zwei Tiere*	5	Alp Tambo	1995
18-19	Alpkäse	10	Alp Tambo	1995
20-21	Ruhen	13	Alp Albeina	1996
22-23	Endlich Ruhe	14	Alp Albeina	1996
24	Hohe Qualität durch kurze Wege	18	Alp Tambo	1994
26-27	Sich auseinandersetzen	246	Alp Albeina	2001
28	Unterwegs	30	Alp Rischuna	1990
30-31	Heute ist ein guter Tag	257	Alp Tambo	1997
32-33	Wollig-wohlig	32	Grüscher Älpli	1998
34-35	Wir haben ein Recht auf unsere Hörner	33	Alp Tanaz	1997
36-37	Berührung	36	Alp Albeina	1999
38-39	Hirten im Schnee	39	Alp Tambo	1997
41	Schneefallgrenze	239	Alp Tambo	1995
42-43	Unbeschwert	41	Alp Ascharina	1999
44	Melken	44	Alp Naul	1992
46-47	Artgerecht heisst wiederkäuergerecht	56	Alp Albeina	2000
48-49	Wer nicht mit dem Herzen dabei ist, …	60	Sennerei Sufers	1995
50-51	Vertrauen	61	Alp Albeina	2000
52-53	Sauwetter	62	Alp Albeina	2000
54-55	Schau	64	Grüscher Älpli	1998
56-57	Der Gang durchs Dorf	67	Andeer	2001
58-59	Einsam	72	Alp Albeina	2001
60-61	Ich oder du?	69	Alp Albeina	2001
62-63	Verloren*	263	Alp Albeina	2001
64-65	Schattenspiele	75	Alp Albeina	2000
66-67	Versammlung	76	Alp Albeina	2001
70-71	Wilma und Sabina	77	Alp Albeina	2000
72-73	Hörner …! Hörner …? Hörner …!	251	Alp Durnan	2007
74	Hier bin ich	78	Alp Albeina	1999
76-77	Hüten heisst Verantwortung tragen	81	Alp Tambo	1995
80	Toni	–	Alp Cavel	1993
82-83	Gipfeltreffen mit Anton, Elke, Markus	83	Alp Calasa	1986
84-85	Hirten im Wetter	90	Alp Albeina	2000
86-87	Konturen	93	Alp Albeina	2003
88-89	Wo?	95	Alp Funtauna	1993
90-91	Wo spielt das Leben?	97	Furkapass	2003
92-93	Visionen	100	Alp Albeina	2000
94-95	Stille*	258	Schamser Berg	2010
96-97	Herbstweide	104	Alp Albeina	1996
88-99	Wechselbad der Gefühle	109	Alp Rischuna	2012
100-101	Mulchen*	205	Alp Albeina	2001
102-103	Eine Nummer	209	Alp Neaza	2004
104-105	Hirtin	210	Alp Neaza	2004
106-107	Hallo	211	Alp Stätz	2004

110–111	Hörner	215	Alp Albeina	1999
112–113	Würde	212	Alp Albeina	2000
114–115	«Ich bin alt, sehr alt sogar, und das ist gut so.»	216	Ausserferrera	2005
116–117	Schön, dass es dich gibt	218	Belalp	2005
118–119	Berglandschaft, wo sich Natur und Kultur begegnen	220	Belalp	2005
120–121	Kultur in Graubünden, z. B. Via Capricorn	303	Beveringebiet	1997
123	Wach*	224	Cimalmotto	2006
124–125	«Ich brauch mehr Himmel …»	250	Alp Albeina	2001
126–127	Es gibt kein schlechtes Wetter	230	Hinterrhein	2006
128	Liebe zur Alp	231	Alp Falla	2002
130–131	Das Leben kennt keine rechten Winkel	233	Alp Albeina	2005
132–133	Jung und wild	234	Alp Curtginatsch	2004
135	Kultur in Graubünden, z. B. Alp Ascharina	513	Alp Ascharina	1999
136	Abschied	238	Alp Albeina	2001
138–139	Hirten ernähren ihre Herden	241	Alp Albeina	2001
140	Murmelkinder	249	Horneralp	1997
142–143	Welche Landschaften wollen wir unseren Kindern hinterlassen?	242	Alp Albeina	2001
144–145	Rückblick	29	Grüscher Älpli	1998
146	Im Wald, wie jeden Morgen	248	Alp Albeina	2001
148	Gemeinsam	225	Cimalmotto	2006
150–151	Meine Welt	295	Alp Tambo	2012

*Dieser Titel stimmt nicht mit demjenigen der Postkarte überein.

DER AUTOR

Martin Bienerth, geboren 1957, Diplom-Agraringenieur, ist freier Journalist, Autor und Fotograf zu den Themen Alpwirtschaft, Milchwirtschaft und Berglandwirtschaft.

Aufgewachsen im Allgäu, beschäftigte ihn nach Fachabitur, Zivildienst und einer einjährigen Reise durch Spanien die Frage, woher unser Essen kommt. 1981/82 besuchte er die Fachschule für Landwirtschaft in Leutkirch/Allgäu, wo er mit Fragen der Energiepolitik (Atomenergie), der Ökologie (biologischer Landbau), des Umweltschutzes (grüne Politik) und der Alp- und Milchwirtschaft konfrontiert wurde.

Die Milch, der Urstoff allen Lebens im Säugetierbereich – auch wir Menschen gehören dazu –, weckte seine Neugier. Er ging dorthin, wo die Milch auch heute noch am ursprünglichsten gewonnen und verarbeitet wird: auf die Alp. Während 20 Sommern (1982–2001) arbeitete er auf verschiedenen Schweizer Alpen. Hier lernte er Jungvieh, Schafe, Ziegen, Pferde und Schweine kennen. Seine Liebe blieb jedoch bei den Milchkühen hängen. Fragen zu Milchgewinnung, Milchverarbeitung und Milchqualität bestimmen seit damals sein Leben.

Im Bewusstsein, dass jede beantwortete Frage zwei neue nach sich zieht, begann er an der Gesamthochschule Kassel/Universität des Landes Hessen in Witzenhausen Landwirtschaft mit den Schwerpunkten ökologischer Landbau und Tierhaltung zu studieren. In seiner Studienzeit von 1983 bis 1990 schaffte er es leider nicht, die Worte Tierproduktion und Tiermaterial trotz ständiger Proteste aus den Vorlesungsräumen zu verbannen. Es war ihm aber vergönnt, in Professor Dr. Engelhardt Boehncke einen Uni-Menschen kennenzulernen, der seinen Lebensweg gerade durch sein Menschsein wesentlich beeinflusst hat. Mit seiner Diplomarbeit «Zur Geschichte und Entwicklung der Alpen Rinderberg, Grava und Rischuna» erhielt er einen vertieften Einblick in die Entwicklungsprozesse der Alpbewirtschaftung und der Berglandwirtschaft.

Im Jahr 1997 gründete Martin Bienerth den Alpsichtverlag (www.alpsicht.ch), um die Alpenwelt aus seinem eigenen Blickwinkel zu zeigen.

Seit 2001 ist er zusammen mit seiner Frau Maria Meyer Pächter der Sennerei in Andeer (www.sennerei-andeer.ch). Dort werden jährlich 400 000 Liter Milch von fünf bäuerlichen Familienbetrieben verarbeitet und die daraus hergestellten Produkte vermarktet. Das Ziel, die Dorfsennerei zu erhalten und so umzugestalten, dass sich daraus ein gesunder Gesamtbetrieb mit sechs Arbeitsplätzen entwickeln konnte, ist erreicht. Nun gilt es, diese Schätze zu bewahren.

2010 gab Martin Bienerth das Kochbuch «Alpechuchi» heraus, das mit den Goldlorbeeren des Vereins Historia Gastronomica Helvetica ausgezeichnet wurde. In der Laudatio wurde es zur Pflichtlektüre für Manager und Personaltrainer erklärt. 2011 erschien «Alp», ein Buch über das Alpleben, 2014 folgte «Alpsicht».

www.alpsicht.ch

«ALPTRÄUME»

Alpechuchi
Martin Bienerth
978-3-03780-420-9

Das Alpleben ist anstrengend, die Tage sind lang, aber erfüllend. Wer einmal oben und dem Himmel so nah war, sehnt sich immer wieder zurück in diese Stille mit den duftenden Alpwiesen und den friedlich weidenden Kühen. Hier oben ist auch die Milch anders, gehaltvoller, so wie wir uns die Alpmilch als Abbild der Natur vorstellen. Sennerinnen und Sennen verarbeiten sie zu Rahm, Butter, Ziger und Käse. Ein echter Gaumengenuss, pur oder in einem köstlichen Rezept. Mit den einzigartigen «Kuh»-Produkten schmelzen Speise und Herz buchstäblich dahin.

Alp
Martin Bienerth
978-3-03781-025-5

Martin Bienerth lässt den Leser eintauchen in seine Welt, in der Menschen, Tiere und Natur alle mit demselben Respekt behandelt werden. Die Liebe zum Leben wird spürbar – gerade wenn es über die Grenzen hinaus führt, an den Rand der Kräfte, in ein erhabenes Glücksgefühl oder mitten hinein in Schmerz und Sehnsucht. Ein Buch für geschenkte Augenblicke, voller Poesie und starker Bilder.

FONA FARO